就為了好吃？

一位餐廳老闆的真心告白，
揭開飲食業變成化工業的真相！

林朗秋——著

目錄

2 就為了好吃嗎？ 77

【推薦序一】

身體認可的好吃　才是真正的好吃

朱慧芳　有機飲食專欄作家、廣播節目主持人

若不是因爲頻繁發生的駭人事件，「食安」恐怕難以引起全面注意。即便如此，大眾對食安的關注，還是會隨著新聞報導的數量減少，而逐漸降低，甚至麻木。因此，《就爲了好吃？：一位餐廳老闆的眞心告白，揭開飲食業變成化工業的眞相》和類似主題的出版品，便擔負起暮鼓晨鐘的功能，提醒大眾不要爲了一時的口感誤了整體的健康。口感畢竟只是短暫的高潮，身體卻要吞下長期且未知如何的後果，或者苦果。

正如同書名以及副標所示，作者過去所從事的專業工作，涵蓋了廣義的食品產業與

餐飲業，對於飲食產業環環相扣的鍊結關係，有全面且深入的結構性了解。在事業上，他曾經遭受黑心原料的損害，更加強他對食材原料安全的敏銳度。他深知，只要是眞材實料，就不需要隱瞞、修飾。決定捲起袖子開綠色餐廳之前，他認眞拜訪上游的農場、加工廠、生產者，只有願意公開生產過程、不怕被問到爆的產品，才有資格被放在他的菜單上。

不僅僅是追著生產者提問，作者本人也抱著不怕被問，且樂意被問的態度服務餐廳顧客。結束了經營多年的餐廳之後，他以同樣的熱誠，把所知所見，包括與顧客的互動，以及對生產者的仔細觀察，轉化爲一篇又一篇的生動故事和讀者分享。作者的文筆順暢、親切，讀著讀著，不免讓我聯想到深夜食堂中，那些被一道道用心烹煮的餐點，所引發出的人間故事。這些故事飽含作者對於健康飲食的苦口婆心，背後好像有更多的千言萬語，試圖說服現代食客，小心啊小心，那些不合常理的好吃，可能有雷啊！

眞食物是好吃的，但是被人工添加物麻痺的味蕾不一定認得出來。還好我們的味覺有學習和辨識的能力，只要讀者願意花些時間閱讀書中內容，至少會在下次吃東西、喝飲料時，有意識地知道自己吃的是什麼東西。好吃需要眼耳鼻舌加上大腦一起決定，身體認可的好吃，才是眞正的好吃。

【推薦序二】

一步一腳印的健康飲食

黃苡菱　營養師

在二十多年的營養照護經驗裡，看到很多個案因爲飲食改變而改善自己的健康，但也不乏有堅持隨性吃美食的人，一直到健康惡化才後悔不已。我們當營養師常常提醒大家，人如其食，耳提面命要大家多選天然少加工的健康食物，因爲我們深知營養素攝取不足或過多，都是疾病的根源。健康飲食除了要求營養均衡之外，在現今的食物供應鏈中，更要留意其他造成健康危害的因素，從種植蔬菜、水果時加入的化肥與農藥，畜牧漁業養殖用藥的殘留，到食品加工業使用許多化學添加物，都會影響飲食的品質，也是我們在營養諮詢中常常提醒大家的重點。因此看到有店家提供健康、潔淨、營養均衡的餐點，讓人眞心覺得感動。

跟林大哥結識近二十年，看他不管從事保健食品業還是餐飲業，對於健康促進一直都很有熱情和理想。他爲了提供天然、純淨的飲食創辦「食在地台灣素食堂」，找好食材跑遍全台灣，不厭其煩與小農來回溝通，爲的就是讓消費者吃到優質食物，並能清楚其生產來源。不過度烹調、不使用人工調味料維持食物原味，在現今追求極致美味無所不用其極的餐飲業，這樣的餐點讓食堂經營得十分辛苦，但對於需要健康潔淨飲食的人卻又十分重要，看到林大哥這樣的承擔也讓人感恩。

今天有幸看到林大哥把他一步一腳印對健康飲食的經驗化成文字，細細地紀錄每一個食材的故事，其中蘊藏職人的堅持與小農單純的順天知命，台灣的許多角落有很多人默默守護著健康食材，讓人感動。

如同林大哥在這本書的前言所說：「健康的身體僅需管理好一日三餐。」而如何管理好健康的三餐，這也是我們營養師一直努力讓大家了解的議題，健康飲食的關鍵在於營養均衡，營養均衡的關鍵在於選擇的食物品質，不妨藉由這本書每個故事的提醒，在自己的一日三餐中進一步了解使用的食材，爲自己的健康飲食加分！

【前言】

「一日三餐」是最好的保健食品

人類的醫療進步，在近百年來有長足的進展，一九三〇年代台灣人的人均壽命爲四十點九歲，而二〇二〇年台灣人的人均壽命已高達八十一點三歲，足足增加了一倍。然而問題根源是，台灣人的「健康餘命」卻僅爲七十二點三歲，換句話說，台灣人有九年的餘命是活在「亞健康」，甚至是「微健康」的狀態中。所以國人在照護外勞奇缺的狀態下，幾乎每三位老人就有一位必須受到長期照料，無法自理。這樣的生活品質是你要的嗎？這幾乎是所有老人，或是家中有長者的家庭，一種難以承擔的重擔。但這種銀髮生活的隱憂，卻是可以輕易被解決的，那就是「健康的飲食」。

人生健康唯一的仙丹就是「一日三餐」。我賣了三十年的醫藥保健食品，最後卻是在老婆的堅持裡，找到健康的答案。「食在地台灣素食堂」就在老婆的堅持下，變成台北錦州街奇談，兩個沒做過餐飲業的中高齡夫妻共同創立了這個不被看好的食堂。七年來，食堂在老婆的堅持下，只願朝著健康的方向走去，於是「足量的有機蔬菜」、「清淡的原味菜餚」、「非基改的豆製產品」、「無化學的調味模式」……這些都成爲本食堂的憲法，不能更動。而這部憲法也是人類遠離「亞健康」的人生憲法。

既然一日三餐是人生最佳的「健康藥」，那你認識你吃進身體裡的食物嗎？你懵懵懂懂地知道要對食物做溯源管理，去了解食物的前世，但你眞的了解嗎？當你去挖掘每一項美食時，是只在意美味，還是想去理解美味的來源？問題只有一個，你只想知道美味的「今生」，還是食物的「前世」？

食材的堅持是食堂經營七年來的日常，但上述的那些堅持只是基本工作，而其中的細節更須用心發掘，一一詢問，慢慢比對，才能觀察出食材的魔鬼到底藏身何處，而就是這七年的功夫，練出一身對食材優劣的敏感度。感謝橡樹林文化張嘉芳小姐的邀稿，讓我有機會在此將這七年來對於好壞食材的認知，用消費者的觀點來分享我們對食材的觀察。其中有許多是普羅大眾已知的訊息，但更多的是一般老百姓在資訊不對等的情況下，被隱瞞之事。而其真相是令人瞠目結舌的，但最可怕的是，大部分的魔鬼已被消費者默認成一種「正常的市場狀況」，一步步地侵蝕我們的健康。所以當大腸癌成爲國人致死率第一名的惡魔時，難道我們還要低聲下氣地等待黑心廠商無良的賜予嗎？

本書會分成四個部分，來探討現代人對於食材及土地的認知：

一、**你不知道的「害怕」**：在化工業入侵飲食業的時代裡，有太多的不當物質，被無知地置入你的食物鏈中。而這種惡性的添加正「明知」或「無知」地侵襲你的健康，更可惡的是在「專寵」你的舌頭，讓你進入無法自拔的健康惡性循環中，而你卻不知道害怕。

二、**就爲了好吃嗎？**：在食堂內觀察十數萬個消費者的飲食行爲，看見現代人九種偏差的飲食行爲。其中有些是消費者不自知的偏差動作，更多的是明知錯誤卻無法自律的飲食謬論，但這些行爲不但無法被克制，反而變本加厲地進行著。

三、**當你面對土地，土地就會寵愛你**：土地資源對於台灣人而言相對貧瘠，若單單計算現有的有效農地，那更是僅能以匱乏來形容。這個章節的目的，是希望當你遇到那少數的一群農耕人或專業達人時，能即時地給予他們熱情的掌聲及鼓勵的擁抱，這就是對土地的尊重。

四、**在台灣的角落裡**：從我們親自走訪上百家的廠商和小農裡，我選擇十一個故事來告訴讀者，台灣有一群傻子在做著一般人不會做的堅持，但這份堅持卻被這群堅持的人視爲生活。他們無意感動任何人，卻讓人動容。

我們夫妻二人的觀念很簡單，五十歲才開創我們的斜槓人生，目的只是要創造一個正確飲食的食堂，並且將台灣各地的優質食材，透過食堂的菜餚介紹給消費者。七年的歲月裡結識了一群忠實顧客，大家像朋友般交流著各家的健康飲食概念，並互相交流各地的隱藏版優質食材。食堂受到許多朋友的默默支持，只可惜我們夫妻的資金有限，在耗盡最後的存款後，僅能選擇結束。但在我擁有三十年保健醫療背景的腦袋裡，終於淋漓盡致地體驗出，其實健康的身體僅需管理好一日三餐即可，但大部分的人卻做不到或是無法堅持。其中當然有些是不肖廠商的故意隱瞞，而有些是錯誤的資訊傳遞，但最可怕的是你管不住自己的口腹之慾，於是健康就被自己活生生地踐踏了。

管住你的嘴就是管住你的人生，這就是本書希望給予讀者的角度。

1

你不知道的「害怕」

當商人一直告訴你，人類的味覺除了酸甜苦鹹外（辣味是一種對舌頭破壞性的刺激，它並不是味覺的一種），還有一種叫做「旨味」的味道。經過這種味道的調和，它能使你的飲食味覺更加精緻，所以「味素」是料理時必備的化學添加品。當商人一直告訴你，食物其實可以用科學的方法，讓它們更易於被長時間保存，更有利於美食的流通。於是除了冷藏設備的發明外，「防腐劑」更是商人似是而非、耳濡目染，一點一點慢慢讓你認爲正常的錯誤添加。當商人一直告訴你，色香味俱全，才是美食的所有基礎，並幫消費者爲每一種天然食材，設定好最美麗的顏色，違反這個被設定的顏色，就是不優良的食品。於是金針花被燻「硫」以保存其美麗的金黃色；因爲所有水果會氧化變色，所以乾脆用食用色素，將所有果汁「定色」成你希望的顏色。當商人一直告訴你，美食一定要彈牙飽嘴，讓你的每一口咀嚼都有滿足感。所以就給你一點「順丁烯二酸」，讓肉圓更Q彈，讓丸子更有咀嚼感，讓你的口腔更興奮，但相對也只讓肝臟多負擔一點點而已。

你以為只有這些嗎？其實你不知道的「害怕」，遠遠超過你想像的，你根本就不知道食品工廠被化工廠入侵的嚴重性。寫這幾篇文章時，一方面是我三十年醫療保健廠的經驗，另一方面也是在眞正接觸餐飲業後，對食品原料追根究柢，才更深層地了解其中的嚴重性，且竟遠超過我可以想像的現實。有時候我在探查眞相時，都會為自己感到害怕，原來在這五十多年的歲月裡，自認美食探源者的我，竟也如此無知，無知到自以為擁有醫療保健專業，就足以屏蔽所有對自體的傷害。可當自己走進餐飲領域後，才認知到自己只不過是一隻被商人蒙蔽了「舌頭」及「腦袋」的自大井蛙。

所以我在寫〈你不知道的「害怕」〉這八篇文章時，是懷著敬畏及些許憤怒的心情。文章中每個用字都希望多用一些力道，將它們敲打出來，以期現在閱讀的你，能有更多認知與警惕。希望我敲寫出來的每一種「害怕」，能眞正敲入你的記憶。

你不知道的「害怕」！你眞的怕嗎？

尋訪台灣好食材的起心動念

環島探尋優質的食材，或許在很多人眼裡是新奇，是趣聞，甚或是提昇「台灣素食堂」知名度的噱頭而已。但事實上這對我來說是理所當然的事，職業上的經驗告訴我，開一間食堂，做出來的產品是要給普羅大眾吃的，難道不用對要提供給消費者吃下肚的食材，有最基本的認識？難道只需坐在店裡聽著食品廠或供應商給你的不對等資訊，就肆意採購？下面有二件在當年造成社會極大震撼的食安事件，我來爲各位複習一下。

二〇一三年二月，當時的衛生署食品藥物管理局接獲線報，台南及新北各有一家製粉廠，將化工原料順丁烯二酸以百分之一點二的濃度加入各式澱粉內，這種號稱高精煉的樹薯粉或太白粉做出來的產品，無論是粉圓、肉圓皮，以及各種羹類，保證Q彈滑口，美味異常。這個偉大配方的始祖「王老師」教導調配出的精煉澱粉，由於順丁烯二酸的濃度太高，化學刺鼻味過重，於是業者自行將濃度調降成百分之零點三，沒想到刺鼻味被掩蓋掉了，但做出來的成品效果一樣「優秀」，於是製粉廠的成本大幅度降低。此類毒澱粉大受食品界各個工廠的歡迎，國內各個知名的食品大廠趨之若鶩，何況沒有審查能力的夜市小攤及路邊小店，更是無一倖免。這二家製粉廠將順丁烯二酸澱粉起了一個優雅的名字——「修飾澱粉」，從此以低廉的成本賣出高檔的價格，大賺黑心錢，卻依然大受市場喜愛，每逢年節旺季，各地食品廠還得拿現金向這二家黑心工廠排隊購貨，深怕買不到毒澱粉會影響產品的「品質」。

然而，當事情爆發後，離譜的事實一一呈現在消費大眾眼前。原來毒澱粉事件，遠在一九七二年即開始發生，一位教化學的高中王老師，將他在日本留學時發明的巨作，以當年每個月五萬元的高價顧問費指導學生的製粉廠，發展出此種黑心澱粉。期間因做出的產品過於優異，還去申請「修飾澱粉的配方專利」，雖然最後沒有通過申請，但透過此一行爲，也可以知道修飾澱粉受歡迎的程度。更不可置信的是，由於整件事橫跨四十餘年，製粉廠的徒子徒孫已不知這類毒澱粉製成的違法性，在被破獲接受檢警盤問時，甚至說出：「不是都這樣做的嗎？」這句令人瞠目結舌的離譜名言。

這段風暴期間，國內幾乎所有的珍珠奶茶、肉圓、布丁、羹類製品……等大項商品瞬間滯銷，甚至影響國際間數十個國家，立即禁止台灣加工食品的輸出。一時之間，台灣由美食小吃王國，變成黑心食品的代名詞。其中讓我印象最深刻的報導，是基隆夜市裡百年歷史的肉羹店，當他們祖傳的招牌肉羹湯也被驗出有毒澱粉時，老闆娘很錯愕。讓我感到最椎心的一幕，是嗜血的記者們蜂擁而至基隆夜市，鏡頭裡的老闆娘哭著喊冤：「我以爲貴的原料，就是最安心的。我哪知廠商如此黑心，居然拿黑心的番薯粉賣我高檔貨的價格。」這句哭訴直接震撼了我，彼時正是我要開始籌畫台灣素食堂的關鍵時刻。雖然後來新聞報導及法律還了她公道，但攤子還是災情慘重，硬是休業數週，生意影響了一年半載才慢慢恢復，而受損的商譽在數年後的今天都還沒有完全修復。

另一個事件就更加震撼社會了，二〇一一年的塑化劑食安事件，是一九八〇年後三十年間台灣發生最嚴重的食安事件，也是台灣食安史上重要的轉折點。在此事件後，食安問題正式變成政治攻防問題，當時馬英九政府的執政聲望也因此大受挑戰，甚至差點影響其連任之路。至此政府開始將食安事件列爲國安等級的問題來處理，更間接地影響衛生署升格爲後來的衛福部，無疑是國內重要的政治轉折。

起雲劑大部分用於飲料，可以讓清如水的果汁在視覺上產生乳化效果，口感也會更加濃郁，有 cream 的感覺，更符合國人口味。起雲劑是合法的添加物，剛開始都是使用棕櫚油作基底，但這種添加劑有二種缺點，一、保存期限過短，影響銷售及使用期程，使成本高漲。二、使用油品當基底容易產生油耗味，而嚴重影響產品的風味及銷路。於是不肖原料廠商就開始動起不正當的腦筋，將塑化劑取代棕櫚油製作成起雲劑，而這種化學起雲劑保存期限可延長六至九個月，使用量可減少一半，而成本卻僅是原來的五分之一。這種集各種優勢於一身的原料，怎能不大受歡迎？於是除了飲料業外，其使用範圍更進一步擴大到食品業、手搖飲業、保健食品業，甚至藥品業也不能倖免。最後證實受影響的廠商高達一百五十五家，橫跨國內所有最具代表性的食品廠、飲料公司、手搖飲連鎖品牌、生技公司以及藥品廠。被動查獲以及主動報備的被汙染商品接近五百項，成品總重量居然高達三千六百噸，光銷毀就需要耗費一年的時間，嚴重打擊當時台灣各個產業，連穩坐黑心食品霸主的中國，也在當年順勢禁止台灣多項產品的輸入，災情嚴重。

而事實上，引爆此黑心食品事件的衛生署官員也僅是無心之作，當年只是爲了查一家生技公司的益生菌產品，懷疑其中含有禁藥成分，然而將其產品送驗後，並無發現任何違禁藥品，但無意間看到檢驗數據中有一段不正常的波峰數據。這位認眞的衛生署楊明玉技正，無私地利用自己的午休時間，一一比對三十幾種圖譜的波峰數據，赫然發現該產品竟含有高達600ppm的塑化劑DEHP，其毒性是三聚氰胺的二十倍（三聚氰胺事件是中國二〇〇八年爆發的嚴重食安事件，這種三聚氰胺毒奶粉導致中國二十九萬名嬰兒產生泌尿系統病變。）其對人體的傷害及後遺症已無法估算，更嚴重的是這種毒性可透過母體直接傷害胎兒，所以到底造成後續多少台灣兒童成年後產生不孕、生殖器官受損或女性早熟，已無法統計。

我對此事件如此印象深刻，是因爲在我退伍後的三十年職場生涯裡，擔任的是醫藥保健的業務。事件發生那年，本人正服務於一家保健食品廠，而我還投資一些資金在其中，所以本人除了是該廠的高階業務主管外，還擔任董事一職，不幸的是我們工廠也牽連在此塑化劑事件中，所以對該事件有深刻的記憶和椎心之痛。

其實我們的工廠是獲得 ISO22000 以及 GMP 認證的正統保健食品廠，所有採購的原料都要經過層層關卡的文書認證，更會不定時在加工前將原料樣品送至 SGS 檢驗其毒性及有效性。因爲我們代工的公司很多都是國內的巨型企業，所以他們的商譽只要受到一點點損害，我們就算把工廠清算了，也不足以賠償這些客戶的損失，所以處處小心是我們的爲商之道。可是當事情爆發後我們才發現，這位原料廠的業務員也是無心欺騙客戶的受害者，他也不知道他們的原料含了塑化劑，他們老闆也被上游廠商隱瞞了，因爲上游的黑心原料廠老闆連員工也騙，讓員工在不知情的情況下，四處兜售這些黑心原料。不幸地，我們的工廠也採購了這款黑心原料，只爲了幫一家知名的羊奶粉公司代工嬰兒添加產品。那時我們也是小心地將所有原料拿去檢驗，但在當年有誰知道要驗塑化劑 DEHP？然而就因爲這個「不知」，導致我們必須賠償羊奶粉公司。最後議定的賠償金額是我們工廠資本額的三分之一，還好當時營運狀況尚佳，總經理與對方協商後，答應我們分一年十二張賠償支票，我們工廠才勉強度過這個難關。

以上將二個台灣巨大的食安危機，作爲此系列的引言。就是要告訴大家，爲什麼我們夫妻倆要在開店前尋找食材時，堅持環島二圈半，慢慢拜訪每個農場和食品加工廠。因爲我們深知眼見都不一定可以爲憑，更何況是不親自造訪，僅憑業務員的隻字片語，就決定採用各個食材，是無法令我們安心的。而雖然我們如此細心，但正式營業後，還是慢慢地發現，我們的某些食材還是會有瑕疵，這時也只能邊做邊調整。我知道錯誤是每個事業體都會犯的，但良心的企業會在發現錯誤後，義無反顧地立即修正，絕不藉口延遲。

於是我開始花半年的時間上網做功課，我瀏覽過的農場及食品廠網站不下數千個，有時爲了搜尋一種食材或一個農場，需要反覆利用各種關鍵字搜尋，甚至耗費大半天也不一定有結果。就這樣我整理出上百家的目標廠商，然後一家家地通電話，除了確定對方認同被拜訪的意願外，也利用我在保健食品廠工作時的專業經驗，確認對方宣稱的製程與他們的執行細節是不違逆的。當然其中也有不願意被拜訪的廠商或農場，或製程的細節脫離我的認知時，我會立即將其從拜訪名單中剔除，因爲我們只願意跟沒有商業機密、公開透明的廠商合作。最後我們挑出了近百家的廠商及農場，規畫好約訪時程，夫妻倆開啓了我們的環島尋食材之旅，每一家我們都細細地聽取與詢問，深怕漏掉每一個重要細節。拜訪旅程中，有令人不舒服的謊言，也有臨時放鴿子的農友，但絕大部分都是憨厚的小農、老實的經營者，他們幾乎都有相同的疑問：你們眞的是要開小吃店嗎？你們眞的負擔得起這麼高價的食材成本嗎？但是無論如何，這幾趟在地食材之旅，收穫是豐富的，內心是感動的。其中有幾個印象深刻的工廠，願與大家分享，讓大家一起讚嘆這存在於台灣各個角落，沒人督促卻用眞心做產品的美麗傳承。

尋訪台灣好食材的起心動念，只爲了給顧客一份「安心」。

做餐飲的化工業

你以爲開餐廳的是餐飲業嗎？抱歉，現在比較像化工業。

你知道一九八〇年代台灣人每天吃下多少化學調味料嗎？四克／每天。

那你知道到了二〇〇〇年，台灣人每天吃下多少化學調味料嗎？四十九克／每天。

你可知道時至今日，台灣人每天吃下多少化學調味料嗎？超過八十克／每天。

這四十年間，每人足足增加了二十倍化學調味料的食用量，下巴要掉下來了嗎？

別急，這就是現代人的飲食，不用太在意啦，反正防腐劑嘛！哈哈……我們一起變成木乃伊吧！

一九〇八年，日本東京帝大著名的化學家池田菊苗教授，發現海帶裡有一種特殊的味道，這種味道與酸甜苦鹹完全不同，他將這種海帶裡豐富的麩胺酸拿去申請專利，命名爲「旨味」（umami，另一稱「鮮味」），並於第二年成立公司，推出「味之素」大受歡迎。從此化工業開始進駐食品業，至今這家公司的年營業額高達上百億美元，獲利能力更讓每個股東樂不可支。

自此以後，化工添加物開始以各種名義侵入食品業，防腐、增稠、彈牙、矯味、定色、定味……名目千奇百怪，品類更是琳瑯滿目。各國政府爲了「保護人民」，紛紛制定食品法規，這個成分是食品級的可以加入食材裡，那個成分是工業用的嚴禁使用。但是，好笑了，那些不都是化工原料嗎？你翻開食品包裝的背面，看看成分標示，請問你覺得這是食品還是化工品？問題是，在追求美食的現代社會，人們的舌頭漸漸被這些化學食品規格化，似乎不加一點反而索然無味。

「台灣素食堂」預定二〇一四年元月開幕，於是二〇一三年底，我們夫妻二人開始積極籌備各項開業所需設備。一天，我們來到環河南路一間專營小吃業的餐具店詢問鍋具，快結束時，老闆熱情詢問我們想要從事哪種小吃？接著便請我們到店面的後頭，我們也不疑有他地走進去。進屋後，看到桌上擺滿各式的化學調味料包裝，牛肉湯、大骨湯、麻辣、藥膳、蔬菜鍋、牛奶鍋……一應俱全，最厲害的還有養生鍋，用化學原料調出來的「養生鍋」，夠養生了吧！

老闆口沫橫飛地教起我們這對中年轉業的餐飲新人，所有餐飲一定從湯頭做起，台北多少餐廳的味道都是經過他們微調後，生意開始飛黃騰達，就連某某鍋貼店，本來一天只做幾千塊的生意，都快關門大吉了，經過他們微調後，現在一天五、六萬的營業額，每年中秋都來送禮，感謝他們的幫忙。我不禁疑惑，爲什麼鍋貼要用這些來微調？老闆更是得意洋洋地告訴我：「味道啊！現代人就要豐富的味道，一層一層的味道釋放在口中，才能叫美食。湯頭、鍋貼以外，滷味、鹹酥雞，哪一樣不需要微調？大陸那裡多少大餐飲公司，飛來台灣請我們去微調。」

老闆說得多麼理所當然，好像做餐飲不這麼幹就別想混了。但一開始就定位「台灣素食堂」是有機蔬食的我們，不肯相信非得如此，才能將生意做起來，直到結束營業了，我們夫妻還是不改其志。但是，我們也將退休金全都賠進去了。

約莫二十幾年前，日本有一檔節目在探討化工業侵入食品業，到達令人不敢想像的程度，每一集都讓人怵目驚心，其中最讓我記憶深刻的是「化工餛飩」。主持人來到化工博士的實驗室，希望博士能在鏡頭前爲節目做一碗餛飩湯，博士一口答應，於是大夥就出門採買食材。來到路口，博士竟朝著市場的反方向走去，很快地，他們來到一家化工材料行，主持人一臉驚恐，既然是要做餛飩湯，怎麼會進到化工材料行呢？只見博士淡定地開出一連串配方，老闆隨即俐落地幫博士準備好所有原料，主持人一再跟博士確認，這些都是合法的食品添加物嗎？博士笑著點頭，材料行老闆也向節目組保證，他們賣的一定是合法的食品添加原料。

採購完成後，場景跳回實驗室，此時博士的魔法世界開始上演。先從簡單的開始，博士在碗裡面放入各種原料，裡面除了鹽以外，其他的我們一概聽不懂，最後沖入熱水，高湯完成，前後不需五分鐘。再來主持人調皮地挑釁博士，沒有麵粉和豬肉，如何做出餛飩？只見博士淡淡笑著，又在碗裡面放入一大堆原料，加水和一和。各位觀眾，讓我們一起見證奇蹟，在博士巧手揉捏下，一顆顆餛飩誕生了。放入高湯裡，一碗沒有麵粉、豬肉和大骨熬湯的豬肉餛飩湯來了。

節目的高潮隨即上演，主持人捧著博士的化工餛飩湯和另一碗眞材實料的餛飩湯上街盲測，經過數位路人的評鑑，結果毫無意外，博士的化工餛飩湯受到一致推崇。

以上二段故事，你以爲是特例嗎？

我朋友因爲親戚經營餐飲店非常成功，日營收五萬以上，在親戚的傾囊相授、毫無保留的調教下，開了一家完全相同的餐飲店，但只因爲朋友不願意在湯頭裡放入「化學大骨粉」，結果就是慘賠出場。

自家人開一間飲料工廠，麥香紅茶、楊桃汁等熱賣產品，專門賣給便當店做免費附送的飲料，可是廠內除了粉料外，何曾看過楊桃、紅茶，連製作飲料的水源都是地下水。每遇家庭聚餐，自家人總會說：一杯飲料才賣一點六元，很微利的。

便利商店辦促銷活動，滿額送關東煮湯頭一包，女兒很高興地帶回贈品。女兒要我幫忙調理湯頭，我看著包裝背後指示，只要「數滴原汁」加入開水，即可調出一大碗香濃的關東煮湯頭，疑惑的我在調完後喝了一口，眞的是一碗「好喝」的關東煮湯。但受驚嚇的我趕緊跟女兒說：「這不要喝了吧！以後便利商店的關東煮也不要吃了。」

這些眞實發生在我們四周的故事，大家其實都曾耳聞，但是在化工業高超的技術下，漸漸地取代用心的廚師們，也麻痺了你的舌頭。慢慢地，你好像也忘記身上還有其他數十種器官，它們正被你的舌頭毒害著。

因爲舌頭，你耳朵關閉了！

因爲舌頭，你大腦停止了！

因爲舌頭，你肝腎負擔了！

因爲舌頭，你皮膚長痘了！

因爲舌頭，你大腸激躁了！

所以別怪餐飲化工業，因爲你只寵愛舌頭。

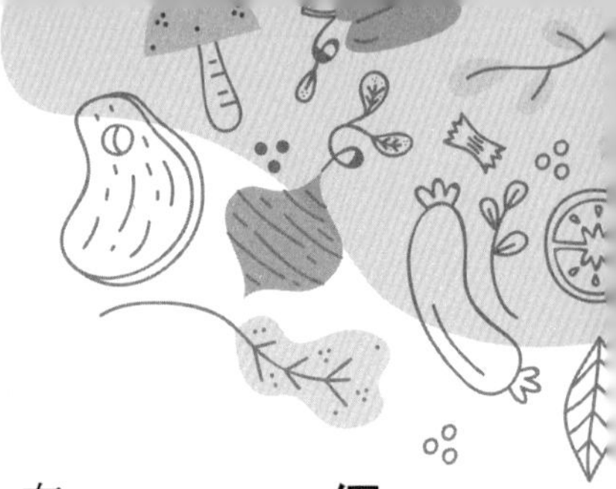

保鮮劑？

在大家最擔心「防腐劑」的時代，其實近一、二十年來，市場已出現另一個新名詞，叫作「保鮮劑」。

大家可能會質疑，是不是「化學部」又發明什麼新產品，可以添加入食品裡面了？但實際來說，「防腐劑」與「保鮮劑」有極大的差別，防腐劑能讓東西保存很長時間也不會變壞；保鮮劑則能讓新鮮的東西在一段時間內保持新鮮。其實近年來，保鮮劑大量入侵我們的食物，其中最氾濫的就是超商便當。

約莫十餘年前，本人尚在保健食品工廠服務時，某天研發部同仁在跨部門會議時，高興地向大家宣布一個好消息，日本原料廠要來介紹一種從天然茶酚裡萃取出的新物質，這種物質具有食物保鮮的效果，他們稱之爲「保鮮劑」，可以取代部分防腐劑的功能。而就在當時，衛福部剛發布新的衛生食品法，規定食品只要有添加的原料就必須標示在成分表，這對我們當時以液態保健食品爲主力的工廠，無疑是一大阻力。因爲在此之前，政府法令是只要低於某一劑量的成分就無需標示，而我們常用的防腐劑「已二烯酸鉀」用量就低於規定的含量，所以在產品上就無需標示防腐劑的存在，如今因新法的修正頒布，通通需要現形了。我們工廠和所有客戶都擔心市場受到衝擊，而在新法令祭出後，我們的產品也確實受到衝擊。正當大家一籌莫展時，「保鮮劑」這項新產品受到所有人的期待，於是立即邀請日本原料廠來做場發表會，讓大家深入了解這項新原料的細節。

發表會當天，大家興沖沖地來到會場，日方研發人員也帶著翻譯人員，開始他們自認爲驕傲的新品發表。然而現場的我們卻愈聽愈失望，因爲「保鮮劑」基本是用在熟食或是生鮮食品上，它們最主要的功能是抑制新鮮食材的細菌增生，防止食品快速酸敗，這就與防腐劑的功能有本質上的不同了。雖然日方帶來的產品是從茶葉裡萃取而出，與我方工廠標榜的「無防腐劑」產品概念吻合，但我們的產品是需要「防腐」，而不是「保鮮」，所以我們最終必須放棄這款天然的「保鮮劑」。

然而不放棄的我，還是向日方人員提問，我想了解保鮮劑大多用於哪些產品？日方人員的某一項答案著實令我不安——「便當」，沒錯，就是便當。一般便當店的便當，即便你放在冷藏冰箱裡，最多不過三天，大部分就會餿掉，而便當內的食材顏色也會蔫掉，整體視覺會顯得不那麼新鮮，而失去產品的價值。然而，當這款保鮮劑出現後，便利商店的便當，你可以放個一、二個星期，保證不會酸敗，更厲害的是裡面葉菜類的顏色依舊翠綠如初。原來化工業也已經衝擊便當業了，這也是我日後不再吃超商便當的原因。

四年後，我已經創立了台灣素食堂，總喜歡與店內顧客聊天的我，無意間結識一位國內最大超商中，專責業務是超商便當的研發人員。某天我趁她又上門惠顧時，冷不防地向她提問：「妳敢吃你們自家的便當嗎？」由於我的問題去得突然，那位姑娘只是捂著嘴傻笑，答案就在我們雙方會意的眼神中一目了然。而不依不饒的我，又再次提問：「那你家的便當到底加了哪一款保鮮劑？」那位女孩當時笑得更激動，不過基於工作道德，她並不能夠告知我詳盡的內容，但她的眼神裡同時飄過一絲對自家便當的不認同。

其實，保鮮劑與防腐劑相同，當你去查閱相關文獻，所有學術報告一定會證明這些東西並不會傷害人體，有時甚至還會透過實驗告訴你，在多少時間後，這些化學藥劑會透過尿液或汗水排出體外，並不會殘留在人體內。然而爲什麼一般社會大眾，還是會對這些化學藥劑加入食品內，有如此警覺呢？

其實說到底還是與違反自然法則有關，就像感冒會打噴嚏、流鼻水，甚或是發燒、喉嚨痛，其中的每一個現象都是病兆而不是病根，亦即身體在透過這些現象告知宿主（人體），你的身體被病毒入侵了，你必須採取醫療行爲。一旦醫療行爲產生作用，病毒漸漸被身體內的免疫力抗體消滅，前述那些發燒、流鼻水等病兆現象，就會一個個消失。

相同的道理，食物的酸敗或顏色蔫損，也是食物本身在對外界發出訊息，讓外界知道它們是處於變質的狀態，並不適合被吃下肚。而這些自然發生的警訊，被人們及科學改變了，透過食品添加物而被扭曲的自然現象，一定會產生反作用力。這些保鮮劑或防腐劑對人體產生的不良反應，輕則過敏、噁心嘔吐；嚴重則會令人氣喘、起疹子，甚至造成器官內臟的損傷，造成人體不可逆的傷害。即便像是臘肉、蜜餞以鹽漬、糖漬等天然方式改變食物保存期的食品，亦被證明會產生EB病毒，而這種病毒已被證實與鼻咽癌的罹患率有關。更何況在人們已經懂得關心並拒絕防腐劑的傷害時，新型態的「保鮮劑」開始進入生活中，然而相較於防腐劑，它更天然、無害的形象，更容易走入我們的食物鏈中。

目前「苯甲酸」是世界各國允許使用的化學性食品保鮮劑，號稱毒性最低且價格低廉，目前占據國內大部分保鮮劑市場；丁基羥基茴香醚（BHA）、二丁基羥基甲苯（BHT），也是國內較常採用的保鮮劑，以上三種是較常見的化學性食品保鮮劑。至於天然的保鮮劑則層出不窮，像是茶多酚類、天然維生素E、紅辣椒萃取物、香辛料萃取物、果膠分解物……琳瑯滿目。

這種新型態的食品添加物，正以貌似無害的形象，悄悄地攻佔你的食物鏈，請你認識它。下次你吃便當、泡麵，甚至是購買生鮮食材時，它或許就跟隨著你。

定色、定味與增稠

因爲要好看，所以用點「食用色素」定色；因爲要口味一致，所以用點「人工調味劑」定味；因爲要喝起來飽嘴，所以用點「起雲劑」讓你喝起來濃稠滿足。

但，這都只因爲要投你所好。

台灣素食堂開業期間，店裡都會提供我們自製的手作烏梅汁，也算是店裡的招牌，很多消費者都衝著我們的烏梅汁而上門光顧。這烏梅汁是我們用五種中藥材熬煮十二小時，最後再加上天然紅冰糖精煉而成。食堂結束後，感謝素友「炒炒蔬食」Carrie，將我們的烏梅汁引進店裡銷售，創造了奇佳的銷售量，也讓我決定介紹給大台北地區的餐飲店。或許是因爲市場上缺乏手工熬煮的烏梅汁產品，所以第一個月「台灣素手作烏梅汁」就大受歡迎，馬上突破損益兩平迅速獲利。不過也因爲市場中實在是充斥著太多化學粉劑調製的烏梅汁，人們也習慣了，所以我們這種手作烏梅汁多少還是會受到質疑，像是顏色太清淡了、不夠甜、不夠濃稠等。每每還要去解釋這種天然與化學飲料的問題，還會遇到部分人士的挑戰眼神，最後也就選擇不再多做解釋了。但這裡就引申出這個議題，也就是現代消費者不懂，但氾濫在食品界的隱藏問題。

定色、定位、增稠。

在談論這個議題前，先跟大家溝通一件事，就是大家都知道只要是天然生長的蔬果，它們的大小、甜度、酸度、顏色……一定會有差距，雖長在同一棵樹但每顆都會有差異，甚至是同一顆柑橘，總有一、兩瓣比較甘甜多汁，而背面的幾瓣又乾柴又無味，遇到這種情況，消費者總能理解又不會計較。但若是兩個批次的罐頭，甚或是洋芋片，你又為什麼無法容忍因為原料的自然差異性，而容許兩批次間可以有不同的大小與味道呢？然而就是因為消費者這種不明就裡的要求，所以商人們就必須有ＳＯＰ了。如果是工作的作業程序必須要有ＳＯＰ，我尚可理解，但對於加工食品，大家為什麼會要求洋芋片要片片相同呢？所以在消費者極度要求的原則下，罐頭食品就需要讓包裝、顏色、口味都批批相同，那大家就必須接受廠商將食品ＳＯＰ化，所以「定色」、「定味」的化學添加就是消費者必須承受的。

再來談談各式的水果汁，消費者在喝入這些罐頭果汁時都希望有「飽嘴」的口感，總覺得這種飽嘴感讓果汁更好喝了。這種情況更以「芭樂汁」為甚。這些罐裝的芭樂汁除了過度「糖化」外，更明顯的是入口時那種濃稠飽嘴的口感，讓消費者忍不住一口接一口，不斷地將芭樂汁灌入嘴中。然而真實的情況是如此嗎？大家是否曾在家中自製過芭樂汁？我就曾經好奇地自製過芭樂汁，除了會產生過多的殘渣需要過濾外，所產生的芭樂汁依然清清如水，顏色清澈，我怎麼喝也喝不到罐裝芭樂汁那種濃稠的口感與顏色，更別談那種高甜度了。

那爲什麼會有如此反差呢？因爲你喜歡，廠商也把你的嘴給慣壞了，以致你以爲罐裝芭樂汁才是眞正的芭樂汁口感，這種積非成是的錯覺充斥著整個加工食品業。於是，這些廠商爲了滿足你對芭樂汁的錯誤印象，增稠劑、人工色素、甘味劑等一大堆千奇百怪的食品添加物全部投進這罐芭樂汁裡，精彩無比。所以幫大家回憶一下二〇一一年的「塑化劑風波」，明明大家是在探討用化工原料代替天然樹薯粉或太白粉，讓食品產生更彈牙、飽嘴的口感，這種情況用在勾芡、粉圓、肉圓裡，大家都比較能理解。但爲什麼當年的一線大廠，所有「運動飲料」、「果汁飲料」、「茶飲料」、「果醬、果漿或果凍」居然無一倖免？如今大家應該都有所意會了吧！所以當食品加工廠刻意地迎合你的嘴巴時，你就得忍受「增稠劑」帶來的傷害。

首先我們先來談「定色」。如上所言，加工食品需要定色的目的有三：

一、**顏色一致**：農產品的顏色每年及每批都不同，爲了讓加工食品的顏色趨於一致，於是就借助人工色素，讓每批次生產出來的加工食品或飲料顏色一致，柳橙汁就是一例。

二、**修飾顏色**：有些原料物做成加工品後，呈現出的顏色並不討喜，於是就將這些加工食品染色，使其顏色更受消費者歡迎，以增加市場價值進而提高價格。最有名的案例就是金針花乾。

三、**防止農產品氧化後顏色加深**：有些農產品容易氧化，一旦氧化就容易產生色變，影響市場價格，於是就需要使用人工色素定色，讓消費者誤以爲產品沒有氧化。市售蘋果乾或牛蒡絲都有這類隱憂。

市售的加工罐頭食品幾乎都有這類色差上的調整，當你看到背面的產品成分標示，備註著台灣核准的八種人工食用色素（紅色六號、紅色七號、紅色四十號、黃色四號、黃色五號、綠色三號、藍色一號、藍色二號），那大家幾乎都知道，這是不優的食品。可是在食品加工界積非成是、眾口鑠金的年代，消費者更多用眼睛在觀賞美食，用相機在記錄，但這些過度加工的食品，卻潛伏著人工食用色素，欺騙大家的身體。

如前所言，每批農產品皆有不同的酸甜度，所以加工品需要「定味」，其目的有二：

一、**讓每批食品的味道一致**：因爲農產品批次產出的酸甜度各有不同，無法維持一致的味道，這時候就需要加入人工調味劑，讓每批次產出的味道相同，維持產品在消費者端的「味道記憶度」。

二、**修飾味道，讓產品更大衆化：**所有農產品皆無法用原來的味道直接做成加工品，需要使用人工調味劑直接加強酸甜鹹度，爲達長期討好消費者舌頭的效果，進而提昇回購率。

而這些定味用的人工調味劑，光功能就可以分爲五大項：「結著劑」、「品質改良用、釀造用及食品製造用劑」、「甜味劑」、「黏稠劑」、「調味劑」。經政府核准的品項更高達上百樣，每一樣都足以令你的舌頭倍感幸福，絕對增加「工作狂的肝臟」百倍的滿足感。不相信的話，翻開超市裡的零食標示，那密密麻麻的成分表，你看懂了幾樣？

「增稠」比較接近料理中的勾芡，這部分消費者比較了解，專有名詞稱之爲「起雲劑」。作用原理主要是油水均勻混合後產生的大分子顆粒所帶來的不透明效果，讓飲料看起來有厚重感，更可以讓飲料在口腔中有「飽嘴感」，進而讓消費者一口接一口地增加購買量。二〇一一年發生的重大食安事件就是與起雲劑相關，造成當時民間及社會極大的波盪，所以政府現在對起雲劑的管理也日趨嚴謹。目前的商業生產大多使用阿拉伯膠與植物油等原料製成，尚稱天然，瑕疵較少。

所有的「非常好吃」都必須要付出代價，在追求美食的同時，也要照顧「心肝脾肺腎」的感受，不要讓食品廠爲追求好看、好吃、飽嘴，強制讓你的眼耳鼻感受「一致性」，進而擴張食品廠的市占率，卻讓消費者變成犧牲者。更可怕的是，大多數的消費者仍無法理解，繼續沉淪在食品廠給你的誤解中，讓「心肝脾肺腎」不斷地負擔。

但這份負擔，你遲早要還的。

油能載健康亦能覆健康

油是台灣素食堂開業七年期間，最常被關切的問題。

自以爲有健康概念的消費者總會問：「你們店裡用的是什麼油？」

「葵花油。」

然後大家都滿意地點點頭，豎起大拇指，安心地進來用餐。

然而，你眞的認識油嗎？

你知道油有幾種製造方式嗎？

最常見的三種製程是哪些呢？

一樣是橄欖油，爲什麼要使用三種方式製造？

不同的製造方式製造出來的油，又各有什麼特點？

你一定不想要做個輕量級的知識分子，所有的知識都只知道一半，這樣的一知半解，依然有損你的健康。

榨油的第一種方式，「初榨冷壓」一定是所有油品裡最高級的油。在種籽摘取下來後，做簡單的整理清潔，全程在常溫底下壓榨出原油，待油水分離後，所取出之油品即爲初榨冷壓的頂級品。這類油品完全保留原生種籽的香氣及營養，最適合做冷拌和簡單的低溫烹調使用，對使用者而言，其最大缺點就是「傷害新台幣」。以橄欖油爲例，橄欖含油量約爲百分之二十上下，用冷壓法榨出的油僅能取出百分之三十至四十的橄欖油，以均數百分之三十五來計算，意即橄欖油工廠收集到一百公斤的橄欖，只能榨出七公升的橄欖油。所以一棵上百年的橄欖樹，僅能年產三至四公升的橄欖油，這等級不能讓你多掏出幾張大鈔嗎？順帶一提，買這種等級的油品，一定要認清楚產地的有機認證，否則若不是有機等級的原料，那除了油品以外，還會附帶榨出一些「蟲必剋」送給你。

第二種方式，「熱壓」。將原料置入螺旋式的機器內高溫高壓所榨取出的油，即是所謂的熱壓油，這種製程的好處是出油率較高，約為百分之五十至六十左右。但因為經過高溫熱炒，種籽的營養成分較不易保存，但熱炒過反而香氣提昇，且適合燉煮，價格也較親民。麻油就屬這樣的油品，香氣十足，調煮出來的麻油雞在華人世界裡，千百年來始終人氣不墜。而白芝麻所製出來的「香油」，更是要在每道料理出鍋前滴上二滴，來增加菜餚的香氣。近年來更有精緻的麻油廠在焙炒芝麻時，利用空氣吸力將過火的芝麻皮屑吸走，這樣榨出的麻油不燥不熱，但完全保持麻油的香氣與特性，讓愛吃麻油料理又怕燥熱的消費者，完全不擔心長痘痘的危機。

最後是第三種，也是最厲害的一種，「化學萃取」。化學萃取的油，大部分是用在原料的油脂含量低於百分之二十，無法使用古老的壓榨法取油，更可以說這類的原料若使用壓榨法取油是不符合生產效益的，黃豆、葵花籽皆屬於這種原料。但在此澄清，這類的產品並非網路謠傳的化學合成油，也沒有因殘留化學藥劑而影響人體的疑慮，反而因此類的油品屬精煉油，更容易保存且不易變質，更適合國人煎煮炒炸的烹飪模式。這種製程大部分是利用乙醚或乙烷溶脂又易揮發的特性，先將原料的油脂萃取出來，再因這些化學溶劑沸點低，所以就利用減壓蒸餾方式將化學溶劑與油品分離，而取得所需的油品，這些油品即成爲不含任何化學藥劑的精煉油。而這種製程的另一個優勢，就是可以將原料裡接近九成的含油量萃取出來，是最符合商業價值的油品，成品價格最具市場競爭力。但這種油品的缺點，也因爲是化學萃取油，所以失去原料本身所具有的營養成分及香氣，而單純就只是一罐精煉油。所以雖一樣都標榜椰子油，但高價的椰子油，香氣濃郁，口感醇厚；而大眾價格的椰子油，則完全沒有椰子香，喝進口中的口感與一般的大豆沙拉油無異，原因即在此。

好了，話已至此，我們就可以來解惑，爲什麼市售的橄欖油，價格的差距可以達到十數倍？首先當然是「冷壓初榨橄欖油」，口感及香氣不需多言，但僅榨出百分之三十至四十所含的橄欖油。而後，商人當然不會浪費原料，就將這些橄欖渣收集起來，做二次熱壓，再取出其中百分之二十至三十的油品，香氣及純度當然不及初榨油，所以價格稍低。但雖爲二榨油，卻取名爲「初榨橄欖油」。

所以剩下的殘渣就拿去餵豬當肥料了嗎？當然不是，商人會將剩餘的橄欖渣再利用化學萃取法，將剩下近百分之三十的油萃取出來，但雖是化學油，有些商人還會加點橄欖香精迷惑你，取名爲「純橄欖油」，然後再以更低的價格賣給你，滿足你追逐橄欖油但又不願意出高價的虛榮。這下你知道橄欖油價差這麼大的原因了嗎？不要以爲貪到便宜了，商人不會吃虧的。

我們再來談談「混合油」。先說魚目混珠的部分，這大部分是以混合出高價油爲主，其中又以橄欖油、苦茶油爲大宗。舉二〇一三年鬧得沸沸揚揚的大統橄欖油爲例，先進口小批量的冷壓初榨橄欖油，再進行二次加工，先加入大量的低價油（一般爲大豆沙拉油，或更黑心的棉籽油），爲了使顏色與橄欖油相近，就違法加入傷害人體的銅葉綠素，最後再調入香精。他合法取得產地的進口證明，然後再調成大量的劣質混合橄欖油，獲取暴利。這是非法混合油一貫的手法，就不予贅述。

當然，目前市場的「混合油」大部分都是合法的，有些還大打廣告告訴你它的混合比率，以及混合的優點，一般都以油品內 Omega-3、6、9 的屬性及優點做訴求。Omega-3 屬於人體必需脂肪酸，人體無法自行合成，因此得靠食物攝取，例如：亞麻仁籽油、紫蘇籽油。Omega-6 雖然容易造成身體發炎等現象，但人體卻不能沒有它，例如：大豆沙拉油、葡萄籽油、葵花油、芝麻油。Omega-9 可控制血糖，增加身體裡好膽固醇的比例，例如：苦茶油、橄欖油。於是商人就大打廣告，油品內 Omega-3、6、9 的黃金比率是四：八：一，而使得商品大暢銷。但又有另一派學者反對這種論述，理由當然也很充足，因爲每種油品的發煙點不同，混合後容易使油品變質，而致過氧化油質，傷害人體。當然另一派就會提出反證，雙方就此攻防數十年，毫無定論，若你問我支持哪一派，基本上本人的官方回應是：不予置評。（本人膽小，不敢得罪任何一方勢力，唯本人家中都使用「單品油」。）

最後我們再來談「廢油處理」。剛開店的時候，隔壁店家介紹我賺小錢的方法，便是將廢油收集起來，倒回十八公升的鐵桶內，每收集滿一桶，廢油回收商會以二百八十元回收。當時我就非常納悶，我每桶新油價格不足五百元，但每桶廢油竟被以如此高價回收。當時爆出大統黑心油事件，政府清查回收油去向時，竟然發現有些回收油被經過化學處理後，再以稍低於新油的價格回賣到店家，夜市及路邊攤便是這類回收處理油品最容易流入的場域。這起黑心油事件，在當時造成軒然大波，在政府大規模的清查後，回收價格居然在短短一個月內，跌至每桶一百二十元，價格簡直天差地遠，一夜間崩盤。如今再談這件事是想提醒大家，政府管制廢油回收雖已步入正軌，但希望大家在處理廢油時，能夠交與垃圾車旁的廢油回收，或社區做肥皂的義工媽媽，才不會被有心人拿來做不正當的再利用。

油在飲食的一環占極其重要的地位。學者建議，家中不要只有一種油，盡量不同用途使用不同油種，涼拌、熱炒、油炸、提香的油各有不同。而且要常常變心，翻臉不認油，今天苦茶油，下次就換葵花油、椰子油、花生油、亞麻仁油、芥籽油……都是不錯的選擇。這樣才能兼具Omega-3、6、9，照顧你的健康。水能載舟亦能覆舟，油在所有的食材裡，最能代表這句話。

豆腐

豆腐，華人世界最庶民的食品。

黃豆製品在台灣甚受歡迎，它發展出來的產品線可說是琳瑯滿目，各有所好。先不論光是「豆腐」就可以發展出十數種不同的口味，豆花、豆漿、豆乾、豆皮、素雞、皮絲、油豆腐、臭豆腐、豆腐乳，各有所好，且天天上桌。也因爲國人的喜愛，所以相關工廠林立，幾乎在每個鄉鎮地區都有數間，甚至更多的豆製品工廠。

然而豆製品內含高量的豆蛋白，所以新鮮的豆製品極易酸敗，且會因溫度的不同，而使質地產生變化，口感也會不同，凍豆腐就是明顯的產品。所以豆腐工廠是良心事業，從黃豆原料的選用、製作過程、添加物、封裝、保存、運送，無一不是良心。

但因應餐飲業百態，有各種想法的老闆，就有各種不同的工廠去滿足他們的需求，這中間的良莠差距之大，你可曾深思過？所以一塊豆腐，好壞之間價差十倍以上，你願意了解嗎？

防腐劑、漂白劑是你常聽到的豆腐違法添加物。清晨六、七點工廠送貨，二板豆腐就直接放置在小吃店門口，等到九點多店東開門備餐了再來處理，看得你怵目驚心，這樣的場景對台灣人來說，幾乎是司空見慣。但是午餐時間到了，你還不是又走進去點碗牛肉麵，再加一份皮蛋豆腐，那豆腐經過時間的折騰，還不是一樣白白嫩嫩、清涼爽口，這中間沒有加點東西，怎能辦到？現在才開始擔心啊！防腐劑、漂白劑都只是基本款，更厲害的還在後面。

增加豆製品產能的「消泡劑」

黃豆內富含皂素，所以在豆漿煮沸過程中會產生大量泡沫，這些泡沫會影響豆腐的製作品質及產量，但若要靜候這些泡沫消失，每天會多加數個鐘頭的工時。講究食安的廠商會直接撈除泡沫，但這就會減少豆腐的產能，而增加製作成本。因此，「消泡劑」這種神奇的添加物就問世了，它除了能讓豆漿在烹煮的過程中不會產生泡沫，更會增加產品的口感，讓豆製品更好吃。當然了，如大家所知，這一定又可以分爲天然或化學的消泡劑。天然的如米糠、沙拉油，如果是用在家庭煮漿，小鍋小灶的那當然是綽綽有餘，但如果是在豆腐工廠那種巨型鍋具裡，「脂肪酸山梨醣酯」就得出來了。他們說這是合法的消泡劑，至於它是萃取的還是合成的？我相信你也沒興趣知道，反正各國的官方語言就是「在合乎政府規範的使用下，並不至於造成人體危害」。看清楚——「並不至於」，你怕了嗎？不會啦！反正你一定會說：「嚇死寶寶了！晚上一定要去夜市吃盤臭豆腐壓壓驚。」那如果像十幾年前台中的黑心工廠，再給你加個二甲基黃，你就千萬不要再去壓驚了，因爲那保證壓得你生命對折。

「豆包」是豆漿放涼上面的那層膜，將之細心地提取對摺好，也有人稱之爲豆皮。而豆皮可以說是豆漿的精華，所有黃豆的蛋白質都在這層豆皮裡，台灣人超級喜歡這款豆製品，煎煮炒炸各有所好，所以豆皮工廠林立。很多都是照規矩老老實實地做豆皮，每鍋大約可以挑出三至四件，然後再添加新漿，又可以挑出三至四件，讓消費者享受軟嫩、醇厚的豆皮。

但爲因應市場需求，店家對於食材成本愈來愈精算，所以計較成本的工廠更多，這就必須要在每鍋裡能夠提取到第五件，甚至是第六件的豆皮，讓產能提高百分之五十以上，才是增加市場競爭力的不二法門。於是加入消泡劑以外，再加入一些增脂劑，第五件甚至是第六件豆皮就橫空出世了，這是許多豆皮工廠合法的生產技術。反正還是那句話，這些添加物都是各國政府精心研究，制定出不傷害國民健康的——食品添加物，至於那原料的名稱爲什麼那麼詰聱難懂？普通人，你很難教育喔！

消失的「糖烏」

大溪豆乾聞名遐邇，遊客每到大溪不吃個一大盤，再帶十數包大溪豆乾回家，你絕對不敢說到大溪一遊，但其實大溪當地居民都只吃用古法糖烏染出來的黑豆乾。「糖烏」是老實的阿公用蔗糖小火慢熬，使蔗糖慢慢融化變成焦糖，因爲顏色比麥芽糖還深，所以阿公們都稱之爲「糖烏」。這是老一輩人的智慧，天然的食材染色劑，滷豬腳、幫豆乾上色都靠糖烏，雖然它染出來的豆乾略帶苦味，顏色也不那麼均勻，賣相自然不討喜，但是大溪人就只吃這種豆乾，除了是自己熟悉的家鄉味外，安心吃豆乾絕對是首選。

但是某天，隔壁店家推出一款賣相好、風味絕佳又沒有苦味的「新派大溪豆乾」，那整塊大豆乾黑乎乎的，看了就好吃，加上美食部落客大力宣傳，哇！聰明的遊客們都知道那個最黑的黑豆乾，絕對是到大溪一遊的必敗商品。

那老店呢？還在耐著高溫慢熬糖烏的阿公呢？

自然就沒落了啊！這就是拜食品化工業所賜了。「糖烏」被歸類成第一級的普通焦糖，老傳統不思長進，漸漸被市場淘汰；「焦糖」已經發展到第四級，每進化一級，豆乾的賣相就愈佳，加工也愈容易，染出來的黑豆乾個個精神飽滿、意氣風發。你管它叫亞硫酸鹽焦糖、銨鹽焦糖、亞硫酸鹽—銨鹽焦糖，不管這些名詞如此難懂、拗口，反正這就是進步的名詞，照慣例「政府會幫你管理」，大家只管好吃就好，不要過量就不會致癌，放心好了！每個國家的政府都會掛保證的。

好了！我們不說了！我們不提過量防腐劑油豆腐和過氧化氫干絲；沒有黃豆製造而成的「百頁豆腐」，那什麼是主成分？大豆沙拉油；既然餿水臭豆腐是違法的，那就來個化學臭豆腐，三分鐘製成，絕不需浪費時間浸泡。唉呀！又把大家嚇著了，這些大家幾乎每天都會吃到的豆製品，眞的就如此不堪嗎？

其實並沒有，桃園傳貴、新莊名豐、台中藤原、花蓮味萬田、台東大池豆包、屏東阿德妹……苗栗公館還有一位叫做陳淑慧的傻姑娘，她的穿龍豆腐，更將台灣本土有機黃豆帶進新生命。更有許許多多的良心豆腐廠，無法一一列舉，這些都是台灣豆腐業的良心。他們散落在台灣各個角落，爲我們製作優質豆腐，這些在後面的章節再來細說。

「豆腐」這個超過二千年的產品，一直被先祖呵護、傳承，它被後代子孫開枝散葉成上百種型態，餵養著世人。一樣地，它還要繼續餵養無數的後代子孫，我們當然不忍它被弄髒了。

偷工加料的麵條

很多商人都在做偷工減料的事，偏偏製麵廠就在幹「偷工加料」的活。

台灣素食堂開到第三年都不做麵食，就是因爲找不到「簡單的麵」，很多顧客一直來光顧，老是建議我們加個麵食，生意會更好。但除了老婆抗拒，因爲廚房還要加進很多工序外，沒找到「簡單的麵條」是最重要的因素。

尋訪食材的過程中，我們夫妻在新竹竹東拜訪了一家客家粄條工廠「黃記粄條」，他們家的黑糖粄條除了是廠裡的明星商品，更是台灣唯一。供應給麵店的板條細緻滑口，完全吃得出米的香氣。在拜訪的過程中，難免要關心防腐劑的問題，這時老闆娘便開始滔滔不絕，她感慨家中的生意之所以沒辦法往外擴張，就是因爲黃記粄條不加防腐劑，放在攤子上，半天就酸敗掉了。我記得她忿忿地說著，一大早送來的麵，放在攤子上不需冷藏一直到晚上，麵體依然Q彈好吃，沒有酸掉，這種麵你敢吃嗎？

粄條和麵一樣，內容物的標示要愈簡單愈好，米和水就是黃記粄條唯二的原料，哪來加那麼多消費者看不懂的原料？而一般市場上的粄條，工廠爲什麼要加一堆我們看不懂的原料？因爲要「偷工」，爲了Q彈又要省點工時，放點修飾澱粉保證省工又好吃。剛開始用的修飾澱粉都是太白粉或樹薯粉，到最後就變成順丁烯二酸了。再來如果擔心麵攤抱怨粄條還沒到中午就餿了，那就再加點防腐劑，晚上收攤忘記放回冰箱的那包粄條，明天中午照樣完好如初。

老闆娘的一席話，對我們夫妻而言，簡直大夢初醒。我們依稀知道外面米麵製品的問題，但從未如此清晰。所以我們開業後，一直都不願賣麵食，就是我們那時尚未找到「簡單的麵」。

台灣素食堂開業的第四年，終於下定決心要賣麵，可是我們還是找不到安心的麵條。在反覆地確認下，一個月後，我們終於在濱江市場的巷子裡找到「光田麵廠」，前後造訪數次，與老闆娘深聊，最後確定這就是我們要的安心麵。老闆娘製麵三十年，剛開始只給自家人吃，慢慢地看到市場上充斥著添加麵，於是就決定開麵廠，生產安心麵給消費者吃。她耐心地跟我解釋什麼是「安心麵」——看成分標示就可以馬上明瞭：小麥麵粉、鹽、水，就這麼簡單，看了就安心。那Q彈有勁的麵條從何而來？無非是力道加上時間，缺一不可，從揉麵、靜置發酵，再反覆地揉麵。先是師傅的力量，去感受麵糰的筋性，感受天氣、溫度、溼度對麵糰的影響，再微調水量，決定揉麵的時間。等師傅認可麵糰的發酵程度，再送入機器來回輾壓，利用力量讓麵粉蛋白質中的麥穀蛋白（Glutenin）與穀膠蛋白（Gliadin）徹底釋放出來交互作用，展現出麵條的彈力與筋力。這種麵條吃進口中，會先吃到一股天然的麵香，再來就是那安心的Q彈口感，這是只有經過汗水和時間的等待才有的「安心麵」。台灣素食堂的客人每每吃完這碗麵，一定會打聽「光田麵廠」的所在，這就是價值。

那什麼又是「偷工加料」的麵條？因爲要節省製麵時間，加一點修飾澱粉，Q度和彈牙都來了；爲了讓麵體呈現高貴的白色，加一點漂白劑，麵體便白拋拋幼綿綿，絕對符合消費者的視覺；爲了讓麵條易煮快熟，口感滑順，那就來點膨鬆劑，簡單方便；爲了延長麵條的保存期限，那當然就是防腐劑了，大家都認識它，「嘿！防腐兄出來跟大家打個招呼，不要害羞，揮揮手就好。」但一加這些東西麵香就不見了，這如何是好？沒問題，麵香劑來了，保證麵條一煮出來香氣迷人。這些粉劑隨便撒一撒，和麵糰一和，輕輕鬆鬆就生產出量化的麵條，省時又便利。但這些都是添加劑啊？放心，那些都是食品級的，政府掛保證，還是進口貨呢，有來自日本、荷蘭、美國的，當然國產的也不少，這麼多國家給你做保證，你有什麼可擔心？

那食品級和工業級的原料有何不同？

簡單，純度高的是食品級，雜質多的是工業級；濃度低的是食品級，濃度高的是工業級。

那都是化工原料啊！是啊！但是這些添加都是食品化工原料，政府有管制，大家安心！可是食品原料和化工原料有何不同？

上面不是解釋過了嘛！好了下課，不要再問了，自己去看產品成分標示，政府有規定，每一家都要標示地清清楚楚，大家放心。

在消費者只願追求口感，工廠追求節省工時、降低成本的環境裡，麵條當然不會是唯一被改變製程原料的產品，還有一項被修正地最徹底的產品就是「米粉」。最好笑的是，這種先祖輩留下來號稱「米粉」的產品，其中卻不含任何米穀粉的成分。原因是消費者喜愛Q彈有勁、不易斷裂的米粉，於是工廠就加入修飾澱粉增加口感，慢慢地就有更加Q彈的米粉上市。最後「米粉」就變成用玉米澱粉及修飾澱粉做出來的產品，其中完全不需要任何的米成分。你以爲荒謬到此爲止嗎？沒有，我們的政府爲了導正消費視聽，於是規定不含米的「米粉」，必須改名爲「炊粉」。至此祖宗留下的米食文化資產，成分變了，名字也沒了，因爲你只愛吃口感好的「炊粉」啊！

於是在好吃至上的商業市場裡，所有的米麵製品全部變樣。香精做的麵包，不會變硬的饅頭，好吃到不得了的餅乾，膨鬆到會變笨的油條……迅速擄獲你的青睞，攻佔孩子的舌頭。好吃的定義被改變了。

擔心嗎？怎麼辦？其實很簡單，所有的米麵製品皆然，根本不需要多餘的化學添加物，它們需要的是力道與時間的結合。好的商人會用眞工夫製造安心的米麵食給你，就像阿公做的麵條一樣，裡面只有簡單的小麥麵粉、水、鹽，其他就是耐心與愛心了。那你何必遷就於「偷工加料」的麵條？

當「貢丸比豬肉」還低價的時候

這是一個無法解釋的消費年代，當「貢丸比豬肉」還低價的時候，消費者已不知道如何爲自己的食安把關了。

或許你會自我安慰這只是一個特例，蜂擁而來的訊息更可怕。蝦仁比活蝦還便宜，蟹肉棒比蟹肉更廉價，胡椒粉比胡椒粒更划算，豆皮比黃豆還實惠……媽媽們被價格迷惑了，更嚴重的是被麻痺了。這種積非成是的消費行爲，漸漸衝擊著你我的健康生活，而我們卻被價格遮住了雙眼。

首先，我們還是先把話題拉回原點——貢丸。貢丸比原料「豬肉」還便宜，要如何做到？最簡單的辦法就是添加各種替代品，也就是各種食品添加劑。藉助添加劑，一些含肉量很少甚至根本無肉的丸子，吃起來照樣可以「肉味十足」，「澱粉、彈力素、卡拉膠、香精、碎雞肉」，你能想像得到，通過這些東西就能製作出各式各樣的美味貢丸嗎？想讓丸子有牛肉味，就加點牛肉膏；想讓丸子有彈性，就加彈力素……有了這些「膏」來「膏」去的化學原料參與，貢丸想變什麼味就有什麼味，整個加工過程中使用多達二、三十種的食品添加劑。

商家採購大量肉碎，也就是從牛骨、豬骨上剔下來的幾乎不能稱之爲肉的那部分，黏糊糊的，水分多，根本沒辦法吃，只能當寵物飼料。可是它非常便宜，目的就是要讓這些不能吃的肉碎，變成能吃的東西。爲使口感嫩滑，就需使用豬油、加工澱粉；爲便於機器批量生產，就使用黏著劑、乳化劑等；爲使顏色好看，就使用著色劑；爲延長保質期，就要用防腐劑、ＰＨ值調整劑；爲防止褪色，就得靠抗氧化劑。如此一來，貢丸就做好了。

相同的情況也使用在市售的火鍋料，尤其是大賣場裡散裝販售的火鍋料。調一點海鮮膏，就可以做出蟹肉棒、魚餃；牛肉膏當然就是牛肉丸的主要提味劑；幾乎是免成本的香菇梗，當然就是香菇貢丸的主原料了。這些粗製濫造的火鍋料，價格低廉、烹飪簡單，對於繁忙的上班族媽媽們更是料理的百搭品，兩片濃湯塊加入火鍋料，就是一道老公和孩子都喜歡的湯品。但是這些加工食品沒有營養也就算了，就怕裡面各種防腐劑、重金屬、合成化學製品，讓簡單的烹飪也就簡單地傷害了孩子的健康。

這種畸形又無厘頭的消費市場，正不斷地侵襲消費者的消費意識，其中產生最大的惡性循環便是以下三種情況。

一、**用價格決定消費行爲**：在滷味攤裡，百頁豆腐幾乎是必點的美食，原因是物美價廉又極具飽足感。一塊厚重的百頁豆腐，價格不過十幾二十元，又有飽足感，幾乎是饕客的最愛。但是，誰知道眞正的百頁豆腐每斤價格高達五百元以上？原來百頁豆腐眞的是「百頁」的，它是利用無數張豆皮，再加上店家熟練的手工，一層層扎出來的。但如今似乎只有在台北的南門市場，才能買得到這種眞工夫的百頁豆腐。而大家在滷味攤看到的百頁豆腐，則是以大豆蛋白、油脂、蛋白粉、調味料等加工原料製作而成。這種假的百頁豆腐利用大量、低廉的機器化生產模式，慢慢地用絕對便宜的價格競爭，幾乎席捲台灣百分之九十九的百頁豆腐市占率。眞正的百頁豆腐呢？就我所知，幾乎只能在南門市場的攤位裡找到。但是細究原因，爲何現實世界卻普遍都只認識「假」的百頁豆腐？因爲價格決定了「假的眞理」，也因爲價格決定了你的消費行爲。

二、**劣幣驅逐良幣，人們已經忘記眞味道**：在我開店的七年記憶裡，烏梅汁和冬瓜茶是我難以忘懷的反差，這兩個故事在本書的章節裡有寫到，便不在此贅述。但我要強調的是，我們用眞材實料熬煮出來的眞正味道，卻被社會的速成主義及成本概念淘汰了。這種低廉、簡單的化學飲料迅速取代了熬煮十二小時的眞品，所以在某些場景裡，你就會被只喝過化學飲料的年輕人，或是忘記了老味道的長者嫌棄。除了被化學麻痺舌頭的因素外，成本考量是最重要的因素。在這種種價值扭曲的年代，化學的淘汰了手作的，合成的淘汰了熬煮的，劣幣淘汰了良幣，這一切的悲劇皆來自於「成本考量」。

三、**不再追逐食安眞理**：台灣素食堂開張的第二年，一位老朋友來店裡捧場，很自然地我們就聊起食安的話題，但聊著聊著我們雙方忽然僵住了，呈現聊不下去的狀況。當然一方面也因爲我已投入有機蔬食的市場一年多，並致力於帶給消費者純淨的飲食，所以烹飪方式自然和主流市場不同，相對顯得簡單、清淡，而朋友似乎不習慣這種飲食。雙重因素下，我們的對話慢慢變成辯論，最後我在市場食安陋習的時事中提出有利反擊的論述時，朋友卻立即地回應：「我知道這些問題啊，但是我如何在意？我也不想在意，因爲我如果在意了，我如何在外用餐？」這句話回得我啞口無言，因爲事實就是如此。當你翻開加工食品的包裝，試圖閱讀成分表時，看到的是一長串想讀也讀不出來的加工原料名稱，最可怕的是幾乎每一個包裝都是如此，此時的你已無法在生活中去追逐食安的眞理了。這似乎是現代人的死結，而這個結幾乎打不開了。

綜觀上述所有場景，你是否都曾經歷過？一天碰上個二、三次也不足爲奇。然而這種習以爲常、眾口鑠金、無法選擇的食安年代，你是否要繼續忍受？忍受食品加工廠提供你麻痺舌頭的食物，忍受勤儉持家時你其實更需要去面對的食安問題。但其實你是可以拒絕的，方法很簡單，當你有一天發現「你吃的貢丸居然比你買的豬肉便宜時」。記得，迅速逃離現場。

2

就為了好吃嗎？

人類的五官感知，依照人體行爲的依賴性及重要性排序，依序爲視覺、聽覺、嗅覺、觸覺，最後才是味覺。

然而奇特的是，人類最寵愛的感官，竟然是最不重要的「味覺」，什麼賞心悅目、婉轉悠揚、桂馥蘭香、春風和煦，全都不如一鍋麻辣鍋更加擄獲人心。說也奇怪，不到百年的時間，人類由粗糠糙飯轉趨成精緻飲食，也帶給人們價值觀的變化。然而這樣的變化，不但不利於人類的健康取向，更使地球暖化，不利其他物種的生存。更殘忍地說，我們正在剝奪後代子孫的生存權。

就爲了好吃，所以人類將味覺置於五感之首，並過度寵愛它。

爲了好吃，你無情傷害著腸胃道，殊不知它們是人體最大的免疫器官。

爲了好吃，你無情壓榨著肝臟，殊不知它是人體工作量最重的器官。

爲了好吃，你肆意豢養著體脂肪，殊不知它是你健康最狠的殺手。

爲了好吃，你不管不顧，殊不知疾病正悄悄地撲襲而來。

這一切的不合理，竟只爲了「好吃」。

本章節裡，我用了九個篇幅來描述台灣素食堂開業的七年裡，我見到的種種古怪場景。而這些與健康人生背道而馳的新飲食習慣，與其說是一種新習性，倒不如說是精緻飲食下的扭曲現況。人類的舌頭愈來愈嬌貴，開始追求一種不健康的飲食習性，例如：偏甜飲食新趨勢的「夭壽甜」、飯後必來一杯的「手搖癮」、只追求口腹之慾而忘卻飲食危機的「銅板美食」。裡面的每一篇，都是我七年來在食堂前台，長期對現代人錯誤飲食習慣的觀察，我總結了一句話——「積非成是」。消費者的口味被商人培養成如今的窘況，而更悲哀的是，消費者已被群體麻醉成「好吃」才是王道。再加上所有媒體用各種型態的美食節目，來推波助瀾這種只要「好吃」的概念。於是，所有的餐飲工作者都在做一件事——創造出更極致、更錯誤的美食，因爲唯有這樣才能成爲一家排隊名店。長久下來，錯誤就變成正確的，積非就成是了。

當然飲食習慣的養成，定然是難以返回的不歸路，但幸運的是它不是單行道，它有可以回歸的逆向道。因爲舌頭的記憶是短暫的，只要一星期的時間，你就可以將它訓練成清淡健康的「養生舌」。這就是我寫這個章節的目的，讓正確的飲食概念，陪伴你充滿活力的人生下半場。

商業機密

「商業機密」，多少不當隱瞞假汝之名，行欺世之實。

記得台北有一家知名的鹹酥雞店，他們自行研發的胡椒鹽堪稱一絕，巔峰時期全台灣共計三千攤用他們家的胡椒鹽。而他們本店的攤位前總是排滿人，深怕晚了就買不到了。每個客人在挑完滿滿一籃炸物後，總會多加一句「胡椒鹽多一點」，胡椒鹽就是這攤鹹酥雞發跡的祕密武器。於是各大報社的生活版記者來了，電視台美食節目主持人來了，每位記者、主持人異口同聲的問題一定是：「你家的胡椒鹽眞的太有特色了，一撒上去，什麼東西都好吃了。」這時候老闆一定神祕兮兮地炫耀著，他花了多久時間研發，走遍大江南北尋找數十種不同品種的胡椒，然後花了數年的時間，不斷調整比例，終於調配出這天下無敵的胡椒鹽粉，聽了都覺得偉大。但當記者再深入詢問胡椒鹽的配方，標準答案一定都是：「商業機密」。

數年後，這家鹹酥雞攤被查獲胡椒鹽裡摻入化工原料，瞬間名聲掃地，創辦人一雙兒女成爲階下囚，天文數字的罰鍰讓他們不堪負荷。最可怕的是，多少消費者的健康不知情地賠了進去，而這個不堪的事實就隱藏在「商業機密」裡。

還有一家超高人氣的達人麵包店，生意可說是順風順水，有創投資金挹注，知名女主持人的老公掛名，而這位女主持人當然就是代言人了！每個麵包要價不斐，但每到下午時間，連結帳都要排上長長的隊伍。這種無香精、天然發酵又極度美味的麵包，號稱饕客的我一定是隊伍裡的一員，有好幾次去晚了，檯面上的麵包幾乎都被清掃一空，只能不甘地鎩羽而歸。這麼厲害的麵包店一定是「達人」等級的，全盛時期全台十九家分店，再加上香港、上海三家分店，共計二十二家，每天創造數百萬營業額，著實風光無限。

誰知一位香港的李姓部落客，照著達人宣稱的配方，怎麼做就是做不出達人家麵包的美味，於是就為文質疑達人家的麵包有不當添加，這下子嗜血的記者們紛紛找負責人提問，而「商業機密」就是外界所有疑慮的答案，就是這麼厲害。但是當地檢署介入調查，內部員工禁不起壓力，一切峰迴路轉，主要股東們紛紛認罪，女主持人數度鏡頭前鞠躬落淚致歉，麵包美味的祕密水落石出——「化學添加」。二十二家分店剎那間灰飛煙滅，這種罪孽也是「商業機密」。

在台灣素食堂開業前，我花了半年時間在網路上蒐集資料，設定數百家預計拜訪的廠商。有非常多網路及媒體推薦的優良廠商，但當打電話去約定拜訪時間時，就開始用各種理由推卻拜訪，這種廠商二話不說，一定立即從名單刪除。也有到了現場，全程只讓你待在會客室，僅提供口頭回覆，對於更深入的提問，以及觀看現場的要求，一律以「商業機密」帶過。遇到這種推託不願透明公開的情況，我們夫妻二人一定迅速離開現場，並立即從採購名單刪除。還有在電話中滿口熱情，在約定日當天早上還電話確認過，但當你快到現場時，電話就再也沒接通過了。

然而這些狀況本就在我們的預期中，就像近幾年來的流行用語——「照片、照騙，照出來四處騙。」在訪廠的過程中，眞的是無奇不有，甚至是有過之而無不及，各種名過其實、招搖撞騙，都一一現形。而我們夫妻二人僅相信眼見爲憑。

最簡單的醬油

當然，還是有紮紮實實的農場及食品廠。無論是工廠介紹、製造過程，都介紹地鉅細靡遺，絕對沒有商業機密。

「陳源和醬油廠」，知道這家工廠是非常偶然的，那天早上我們專程到西螺拜訪

「自然豐有機農場」，那時阿豐的有機農場才剛開始規模化種植，生意還沒有完全穩定，很幸運地這與剛進入餐飲業的我們非常契合，雙方愉快地洽談完畢後，才跟阿豐表示，我們正爲尋找一家合適的醬油廠傷腦筋。拜訪了十數家醬油廠，不是添加物的問題，就是完全無添加但產能不足的問題。阿豐二話不說馬上推薦他們西螺鎮上的陳源和醬油廠，剛開始我還相當排斥，因爲腦袋裡執著地認爲西螺鎮上都是大品牌的醬油廠。大品牌的醬油爲了擴充通路範圍，以及爲了提供相對穩定及較長的產品效期，通常都有化學添加的問題，這種添加我們是拒絕的。這些質疑點阿豐也回答不上來，但他還是熱情推薦，希望我們去參觀一下。在他的堅持下，我們決定來場突襲式的陌生拜訪。

陳源和醬油廠就在西螺鎮的主要大路上，我們一走進去，剛好遇見陳先生、陳太太，還有他們家漂亮的陳小姐。簡單表明來意後，陳先生在毫無準備的情況下，二話不說立即帶我們夫妻二人去他家二樓的一大片醬油發酵缸場，並一一掀開缸蓋，熱情介紹著一個月、二個月……六個月不同時間的黑豆醬油發酵缸，我們第一次看到這樣的場景，好奇地一缸缸試味道。回到廠間，陳先生自然地介紹著醬油的充填包裝，完全不需事前準備，陳太太甚至在閒聊間透露他們醬油的甘味來自於甘草片，而家族裡正在討論是否要連甘草片也一併從配方裡去除。並告訴我們，要使用他家的醬油，必須再多考慮一下，因爲價格是一般做生意醬油的好幾倍，並且因爲不含防腐劑，所以必須冷藏。

各位很訝異嗎？我們這麼突然造訪，但得到的資訊以及可以參觀的廠區居然如此全面，這中間毫無「商業機密」，所有的問題一定有問必答。再加上陳源和醬油廠的廠規適合，不會有供應匱乏的問題，這種醬油當然是我們食堂的必選。最重要的是，在整個訪廠過程中，我們未曾在他們夫妻口中聽到「商業機密」這個名詞。

食堂開業後，我們自詡是一家沒有商業機密的食堂。七年來，有太多消費者在半信半疑中，提出對台灣素食堂內某些菜餚或醬料的興趣，我們總是毫無保留地告知這些菜餎或醬料的配方、比例，甚至是原料的品牌。到最後，我們乾脆將幾個熱銷菜餎的製作過程，做成影片放在店內播放，並PO在台灣素食堂的臉書供大家參考。我們不是餐飲科班出身，所以只能用最純眞的做法去吸引一些追求健康飲食的客層。我們的最終目標就是要推廣沒有商業機密的飲食。

我依然願意善良地相信，隱藏在「商業機密」裡的，大部分是祖宗的心血流傳，或自己多年認眞鑽研的累積。善意是「商業機密」的本質，絕非僅能短暫藏汙納垢的藉口。

銅板美食？

「銅板美食、CP值」，近年來成爲消費者評價餐飲時，非常重要的指標。但是大家可曾認眞思考過，銅板美食、高CP值後面代表的事實是什麼？

首先，我們先確認一件事情，「商業行爲」絕沒有殺頭生意，所有成本一定都被斤斤計較著。所以消費者既然只願意給個銅板，又一定要享受美食，那這中間一定會存在著不合理。而這些不合理，消費者最後都要付出代價。

我們先來探討在餐飲中，最簡單的一種調味料，它們佔一道餐點的整體成本比例並不高，但它們的價格卻被斤斤計較著。

醬油，在台灣幾乎每道料理、每家餐廳，都要用到它。而基於成本考量，這項調味料理中成本佔比最高的調味品，價格一定要被嚴格控制。

某天，二位同行來到「台灣素食堂」交流，大家聊著聊著就聊到醬油的話題。同行A就問同行B：「你的醬油是不是用一桶七十塊錢的？」同行B開始抱怨：「一桶七十五元了，最近又漲價了！唉！生意愈來愈難做，什麼都在漲，幾年前一桶才五十五，才幾年就漲到七十五元啦！」同行A不禁道德勸說起來：「我妹妹也是用這種醬油，我都勸她成本沒有差很多，我店裡都用品牌醬油，一桶才一百六十元，我心裡安心點。」

聊到這裡，氣氛開始尷尬起來，大家也就打住了，不再繼續這個話題。可是我心裡的小劇場卻開始上演：「那我店裡用的陳源和醬油怎麼辦？一桶醬油才四千六百西西，硬是比他們的醬油少了四百西西，但是價格卻是每桶五百五十元。整個算起來，我的醬油成本居然是別人的十倍，難怪獲利困難。」

其實我開店之初，就已經明瞭這高昂的成本結構，但一直沒有去改變，除了陳源和醬油的品質讓我安心外，最重要的原因是我知道其中的不合理。原則上，一桶五千西西的黑豆醬油，需要用到二斤黑豆發酵，而每斤的黑豆進口價絕不低於三十元一斤（市售價每斤六十元以上）。換句話說，每桶五十五元的價格連黑豆成本都不夠，更何況還有鹽、糖、容器等其他成本，更遑論人工成本、機器設備、盤商及販售商的運送成本和利潤。顯而易見地，這是一桶化學醬油，裡面不含半顆黑豆成分，更不需發酵時間，只要化學原料調一調。每桶連同原料、容器和人工成本必須在二十元以內，才能夠讓整個通路結構長久運行。而大部分餐飲業者，幾乎都廣泛使用這種化學醬油。

「胡椒粉」又是另一個故事。它是一種最簡單的調味粉，每家小吃店都會在每個餐桌上擺上一罐，在湯裡、麵裡，甚至在滷肉飯裡灑上一點胡椒粉，對台灣人而言，那道餐點的美味程度絕對再加上三分。

然而也因為它廣受消費者喜愛，而又在成本考量下，它的不合理發展更是令人咋舌。

我們就先從各種胡椒的關係談起。基本上，黑胡椒粒脫去黑色的外殼後就變成白胡椒粒，而將白胡椒粒再拿去加工磨粉，才能變成白胡椒粉，從整個製造過程合理的邏輯論起，當然是原顆原樣的黑胡椒粒最便宜，脫殼後稍失重量的白胡椒粒就會貴一些，價格最高的當然就是還要再請工人加工磨粉的白胡椒粉。簡單，無須推論，必然如此。

然而，事實卻超乎你我的想像。

我一直是向香料的進口商採購胡椒類的商品，所以認為我應該是取得最低的價格，我的價格如下：

黑胡椒粗粒　每斤（六百克）二百八十元

白胡椒粉　每斤（六百克）三百六十元

某天我到迪化街的盤商採購其他香料，好奇探詢一下價格。當問起白胡椒粉的價格時，我得到一個驚人的價格——一百元／每斤。我不禁再確認一次，這時老闆忽然醒悟過來：「喔！你要純的白胡椒粉喔？四百二十元／每斤。」此時我更想了解這個價差的原因，老闆一副理所當然地回應我，一般的和純的白胡椒粉就是有如此價差。更勸我說，做生意買一般的就好，消費者分不出來的。

回到店裡，我好奇想了解什麼是「一般的白胡椒粉」。於是開始上網搜尋，有機會就詢問我的供應商，整體得出以下的狀況：

首先是較爲安心的「混白胡椒粉」，價格約在一百四十至一百六十元／斤。它們的成分除了部分的白胡椒粉外，另外混入澱粉、辣椒、天然香料、麥芽糊精等較便宜的成分去取代，這類的產品基本上對人體無害。雖然它們不如純天然的白胡椒粉香醇，但確實可以相對降低成本，也是較具商譽的店頭會採用的產品。

再者「添加型的白胡椒粉」，業者因爲配方等級容易產生結塊的問題，所以會加入食用級的碳酸鎂，讓產品較爲穩定，不易吸濕結塊。這類的產品基本上符合政府法規，價格約在九十至一百二十元／斤。消費者因每次用量不大，所以除有較嚴重的心、胃或是便秘問題者，基本上沒有什麼大礙。

最嚴重的是「黑心級白胡椒粉」，裡面除了全部用化學粉劑調和仿胡椒粉氣味外，沒有任何白胡椒粉成分。最可惡的是使用工業用碳酸鎂，讓一些身體狀況不佳的民眾，陷入嚴重過敏的立即危險裡，肝腎疾病患者更容易產生致命的後遺症。但它憑藉著五十至七十元／斤的絕對價格優勢，吸引一些斤斤計較成本的餐飲業者使用。彰化縣衛生局曾於二〇一四年破獲台中大里的黑心工廠製造此類黑心產品，他們竟可以在短短的二年間，賣出超過八萬公斤的黑心白胡椒粉，危害國人健康無數。

看到這裡，你是否覺得危機四伏？光是醬油、白胡椒粉就可以隱藏這麼多的問題，後面的狀況更是惡性循環。因爲化學醬油自然無法像純釀醬油般甘甜順喉，更有死鹹與化學的氣味，這時店家就需要用更多的調味方法來讓你覺得美味。所以一層的錯誤就需要更多層的掩飾，這中間的每一層就是一種傷害。而這些傷害，每每讓你在外食後感到口乾舌燥，所以就又需要再去買一杯高糖的手搖飲，來解口中的不舒適。更不論飯後的昏昏欲睡，甚至是腸激躁症，這些都只是身體對你做的輕微抗議。嚴重者當然不需贅述，每天都可以在網路上看到一堆惡質飲食對身體嚴重傷害的報導，只是你還不願意嚴肅面對而已。

開篇就用這種簡單而又嚴厲的事實，來場轟天雷。不是我殘忍，而是希望大家要認眞面對銅板美食、高CP值後面所代表的事實。事實是否讓你不敢想像、無法承受？而調味料都如此被計較著，那食材呢？後面的章節我們會談到黑心食材，保證讓你更瞠目結舌。

爲了美食，你只願支付銅板，而你的身體卻支付了健康。你要不要再想想，你明天的午餐要如何選擇？

夭壽甜

「蒲燒牛蒡排」、「杏鮑菇天婦羅」、「韓式辣醬菇」是台灣素食堂的三大招牌菜，這三道主菜就佔本食堂百分之七十的營業額，它們有一個共通點——甜。「甜」的菜餚在近些年的台灣菜色裡，漸漸位居上風，算是新的流行口味。

猶記二十年前，我高興地帶著一家四口到台南旅遊，因爲那是我喜愛的城市。除了古意盎然的歷史風，台南的小吃更是我要力推給老婆的驕傲，讓她知道在台南讀書二年的我，是如何混熟台南的風土與小吃。三天二夜的旅程，我規畫十幾處的知名小吃，保證讓老婆絕對不會吃到重複的三餐及宵夜。一早開著車子從台北出發，到了台南當然時近中午了，興奮地帶著一家大小來到目標中的第一站——國華街。先在街口買了份一甲子的名店「金得春捲」，再轉身到旁邊的「富盛號碗粿」，得意自己精心安排的我，當然是頻頻向老婆炫耀我的推薦。總以爲會得到老婆稱讚，然而只見她默默吃了幾口，就將春捲及碗粿全部推到我面前，淡淡說著：她想留肚子，吃吃下一攤。得意的我嘴角上揚，很快便使出殺手鐧，向老闆點了一碗「浮水魚羹」送到老婆面前，想說這下子總可以征服妳的胃了吧！誰知，結果相同，老婆喝了二口湯、吃一塊魚羹後，又將那碗羹推回給我。看著老婆的表情，直覺事情不如我預期，走出碗粿名店後，我心虛地問她評價如何？她的回答令我詫異：「那哪是魚羹，根本是甜湯！」即便是春捲和碗粿也被她嫌口味偏甜。更慘的是接下來幾天，無論帶她去吃哪些知名小吃，「甜」總是她最大的不習慣。

原來，日據時代時，台南是台灣最大的蔗糖出產地，所以台南人很自然地將家鄉的糖放入每一道料理，進而演變出全台灣知名的台南小吃文化。隨著台南美食聲名遠播，鍋燒意麵、生炒花枝、虱目魚料理、度小月、小卷米粉……在全國遍地開花，於是各地的口味也漸漸地被同化了。近些年孩子長大了，偶爾還會帶著老婆再去台南旅遊，一樣嘗遍了台南小吃，但現在她除了鱔魚意麵還不敢恭維外，其他的食物就沒有那麼拒絕了。換句話說，她也被這份甜同化了。

很久以前看過一篇科學報導，評論影響人類最深的發明，其中文字、阿拉伯數字、錢幣、電燈都上榜了，但當我看到第一名時，不禁詫異，「糖」居然被評爲人類歷史上最偉大的發明。根據科學證實，「人類吃糖時，會獲得心情上的愉悅感。」所以很快地就喜歡「糖」這項產品。「糖」是二千多年前由印度人發明的，是第一個由甘蔗裡面提煉出蔗糖的技術。而這項技術的偉大在於，吃糖會使人快樂，而這種舌尖上的快樂，迅速攻佔人類愛好。

當人類吃到含糖食物時，食物中的糖分會刺激舌頭的甜味接收器，迅速地給大腦皮質一個刺激信號，去激活大腦內的獎勵系統。這個獎勵系統主要由多巴胺神經元組成，當吃到甜食時，多巴胺神經元就會分泌多巴胺，讓人感受到幸福、滿足和愉快。於是人類愈來愈喜愛甜食，這是一種生理反應，而非心理因素。但隨著醫學研究愈來愈發達，在人類愛上「糖」的二千年後，發現糖對人體的健康影響甚鉅，近年來的醫學報告更證實高糖飲食的不良影響，甚至高過高油高鹽的傷害，醫學上稱之爲「糖中毒」。

糖就是容易讓人上癮的合法毒品，如果你以爲糖只跟人類的糖尿病、心血管疾病有關，那你就太小看這個「殺手甜心」了。

如果你想讓孩子變笨，那你就用糖果安撫他。

如果你想讓孩子暴力點，那你就再給他一杯可樂。

如果你想讓皮膚粗糙點，每天多吃二根冰淇淋就好了。

如果你想要夜夜失眠，在鍋子裡多灑二把糖即可。

如果你怕醫生沒事做，珍珠奶茶每天多加一杯，保證護士也笑了。

如果你怕活得太久，減個二十年剛剛好，糖、糖、糖。

最後再告訴大家一個事實，二〇一八年知名體育記者傅達仁先生因罹患胰臟癌末期，在瑞士尋求安樂死。一時之間，這種致死率百分之百的可怕癌症，立即聲名大噪，每個人談之色變，深怕下一個就是自己。隔年二〇一九年，中研院基因研究團隊立即在世界級的醫學期刊《*Cell*》發表研究報告，直指高糖飲食就是導致胰臟癌的元凶，瞬間引起全球醫學界的重視與採用。

世界衛生組織制定健康生活者，兒童每天的糖攝取量不應超過二十五克，成年女性爲三十八克，成年男性爲五十克。而事實上，直至二〇二〇年，台灣人每年要吃掉至少六十萬公噸的蔗糖，每人每年平均二十六公斤，世界排名高居第十一名，幾乎領先所有世界先進國家。

那大家可能會質疑，台灣人又不像外國人每天吃可樂、蛋糕、甜點、冰淇淋，怎麼會有如此高的糖攝取比例？這就是台灣飲食危險的地方，因爲台灣人的飲食是將糖藏匿在鹹食裡，這些高糖菜餚讓台灣人在不知不覺中吃下大量的糖。例如：台灣人最愛的滷肉飯，每碗居然高達十五克的糖；每一百克的沙茶豆乾內含二十五克的糖；一百克的魷魚絲有四十克；還有如糖醋排骨、三杯雞、生炒花枝、鳳梨蝦球、蚵仔煎、麵線糊……不勝枚舉，哪一樣不是台灣人最愛的庶民小吃？你有發現這些都是高糖量的菜餚嗎？更何況珍珠奶茶、巧克力餅乾、焦糖瑪奇朵……你一樣也沒少吃過。你的飲食眞的是「夭壽甜」。

糖對人體的危害，是從令人們喜愛及歡愉的飲食下手，而這致命的吸引力往往被人們忽視。即便這一、二十年來，一直有醫師、營養師不斷疾呼，但其受重視的程度一直都不如高油高鹽，討論度更是遠低於它們。然而，醫學已經證實，高糖飲食造成的傷害，已到達你必須面對的程度。

再用本食堂ＰＯＳ系統資料來看，三道高糖度的菜餚佔我們食堂營業額的百分之七十，這個親身感受的實際數字，希望給注重健康的你，一些飲食上的省思及調整。

別讓生活過得眞是「夭壽甜」。

重口味

從事了三十年的醫藥保健品業務，常常可以從醫師、藥師、營養師等專業人士中，獲得許多醫療保健相關知識，因爲這些專業知識又多又廣，所以受教艱深的醫藥知識時，只能是一副尊敬的表情而已。有一天與台南某地區醫院的王院長閒聊時，他忽然問我：「你知道身體的哪個器官，從出生起就開始退化嗎？」這麼專業的問題，答案竟簡單到讓我驚訝。

王院長回答：「舌頭，準確地講是味覺。味覺在出生時就是最敏銳的時候，之後便隨著年紀增長愈來愈退化，直到白髮斑斑時，會因舌頭的敏銳度退化，口味自然而然就變重。但味覺的退化速度因人而異，口味愈清淡的人，退化的速度愈慢。但你不要以爲現在是重口味者就改不過來了，其實要改變口味讓舌頭的敏銳度提昇，只要一星期的時間即可，比戒菸還簡單，就看個人願不願意改變而已。」

最後王院長還說出震撼性的結語：「其實人的壽命與味覺的敏銳度成正比，味覺退化速度愈慢，人的壽命就愈長。」這是一段極具顛覆性的交談，我當年聽過上百場醫學研討會，受教的名醫教授何止百位？但王院長這段輕描淡寫的淺談，竟有如醍醐灌頂般舒暢，可謂受教之深，受用之大。

一九八四年，我剛退伍的第一份工作，就是日本藥品的台灣代理商。有段時間我的責任區域是彰化和南投，主要客戶是「藥局」。每個月有一星期的時間，我需要騎著當時最拉風的野狼一二五機車，帶著行李到南投地區出差。而行程的第四天，通常我會從埔里鎮開始作業，下午就離開埔里並沿著魚池到水里過夜。第一次要進入水里市區，就體驗到一大段的滑坡山路，在即將結束滑坡路段時，看到路邊一家「山產店」因夜色降臨而點燈了，那幽暗的燈泡光吸引了我這個都市長大孩子的目光，看著他們大大的招牌寫著「山豬肉」、「鹿肉」、「山羌肉」、「穿山甲」，我整個眼睛都亮起來。但一個人出差的旅程，並不敢貿然進去嘗試，但心裡已暗暗決定，終有一天要進去嘗鮮。就這樣經過了半年時間，我的好奇心終於將我帶進這家山產店，依稀記得膽小的我，還是只敢點較熟悉的山豬肉和白飯。然而時隔近四十年，我已忘記那山豬肉的味道了，僅記得店家使用大量的蔥薑蒜爆炒，當然還有重重的沙茶及辣椒提味，這種重口味讓我扒了三大碗白米飯。滿足了胃與好奇心後，便愉快地回旅社休息。

隔天，來到水里的藥局拜訪客戶，我就與藥師聊了起來，並和他說前一晚在山產店用餐的體驗。只見藥師瞬間皺起眉頭說，其實他們水里人不去這種店消費的，山產店一般都只做遊客生意，所有的山產都是「山地人」在山上捕獵的。（抱歉！那個年代還沒有「原住民」的稱呼，「山地人」已經是當時較爲中性的名詞了，至於粗鄙一點的就另有別稱了。）而台灣地狹人稠，森林裡的野生動物並不多，不是上山一天就可以滿載而歸，所以山地人就會在山上廣設陷阱捕捉獵物，一個星期後再上山去收取捕獲的獵物。而這些獵物如果是在獵人再度上山的當天或前一天捕獲，那就還好，但如果是在設陷阱的第一或第二天捕獲，那獵物早就死亡並發臭了。然而獵人們並不會將這些已經發臭的獵物丟棄，照樣帶下山來，在獵物來源有限的情況下，山產店也照樣收購，甚至有些山產店就是獵人們開設的，這樣就更不會浪費這些無論好壞的獵物了！然而食材有瑕疵時怎麼辦呢？對！大家都知道，「重口味」，放入一堆蔥薑蒜壓腐味，然後重油重鹽重辣椒，再挖入三大匙沙茶醬麻痺舌頭，反正遊客也不懂什麼是眞正的山產味，若有吃出特殊的味道時，店家只要一句「山產肉就這味道」，簡單帶過，反正沒有多少內行人可以正確判定出山產的眞正氣味。

時至今日，動保法推行後，山產店已在台灣絕跡了，但那位藥師的忠告一直在我的記憶中，這是我人生唯一一次山產經驗，但深刻的印象就是「食材不好，廚師就會用重口味來修飾」。或許你會大聲反駁，某家餐廳雖然是重口味，但是食材保證新鮮。那麼我是否可以請你改變一下？

既然你花了大錢，去吃如此精緻的餐廳，那何不用心享受新鮮食材的甘甜原味？如果廚師只會用重口味的醬料來欺騙你的舌頭，那你應該去找更棒的主廚。否則你吃到的到底是美食，還是廚師的遮瑕料理？

食堂裡有位客人，偶爾才會來一次，每次來都會問一些食材的問題。例如這陣子爆出海帶食安風波，他就會來詢問海帶的相關問題，以及安心的海帶廠商。隔一陣子又有醬油的問題，他又會出現了。對於自己不常登門惠顧，他曾經心虛地對我說：「好吃的不健康，健康的不好吃。」可見他也是一個在「舌頭」與「健康」兩者中矛盾抉擇的人。有一天不經意得知，他竟然是大學營養學的講師，那刻我終於充分體認孫文先生的名言：「知易行難。」

但就是會有一群認眞生活著的健康人：

阿蘭，食堂的天天客。五穀飯不要素燥，五色有機蔬菜盤清燙即可，有機豆腐不要淋醬油。她長得清清秀秀，雖然脂粉未施，但吸引著年紀與我相仿的一對常客夫妻，想把她帶回去當媳婦。也有店裡的年輕男客人，希望透過我介紹他們二人認識。

還有慈濟醫院的許醫師，不但長年純蔬食，除了清淡的口味外，所有加工素料一律拒絕，還長期開課教導學員們正確的飲食觀念，更是我拒絕麩質飲食的啓蒙師，台灣素食堂裡許多頗具知名度的明星們，都是許醫師建議他們來的。而且每次只要許醫師開堂講課，一定指定我們台灣素食堂的有機蔬食便當。每次看她來店裡，就會感嘆老天爺的偏心，又是一位美人胚子醫師。

當然還有很多忠實的消費者，幾乎都是食堂的天天客，注重健康，不過分追求舌頭的享受。或是如張先生般已經面臨嚴重的健康問題，才回頭重視養生飲食，但是一切都來得及，現在的張先生比一般人都健康，說起話來還中氣十足呢。

王院長說：「其實人的壽命與味覺的敏銳度成正比，味覺退化速度愈慢，人的壽命就愈長。」

你，重口味嗎？

你被香氣騙了嗎？

人在進食中嗅覺的功能，只是爲了讓你知道你吃進什麼，讓你知道你吃進嘴的是安心的食物，是沒有酸敗的食物。

但當人開始追求美食，飲食愈來愈精緻後，嗅覺的功能開始變化，色香味俱全成爲享受美食的基本門檻。所以嗅覺的功能竟從「分辨」轉成「享受」，最糟糕的是，人類漸漸地不在意「分辨」，而只關注「享受」。於是人類顯露出「享受」的弱點，開始變成商人的獲利工具。

小時候阿草伯的冬瓜茶擔，在炎炎夏日的午後，總會準時出現在廣場的大榕樹下。

隔壁的阿公就會拎著一個碗公，丟五毛錢在阿草伯的擔子上，阿草伯二話不說接過阿公遞來的碗公，用冬瓜茶豪爽地注滿。那金黃色的液體幾乎要滿出碗外，阿公緩緩地接過來送上嘴邊，咕嚕咕嚕地連喝好幾口。看到阿公滿足地啜飲，我們一群小孩子就會環繞在旁，看著嘴巴都張開，口水也滴下來了！照慣例，阿公只會喝一半，就會將碗公遞給我們這些孩子，我們等的也就是這刻，孩子們你一口我一口，迅速將碗底舔個乾淨，深怕被螞蟻搶走任何一滴甘甜。記憶中阿草伯的冬瓜茶，除了甘甜沁心外，那淡淡的冬瓜香氣，總令人感到氣韻幽香。喝完最後一口後，就緊緊地閉上嘴巴，深怕那股清香從唇邊溢出而消失。

隨著年紀增長，已忘記阿草伯的擔子何時消失在榕樹下。有一回出差日的晚上，利用當天較輕鬆的行程所節省下來的體力去逛逛夜市，乍見一攤大大的冬瓜茶攤，顏色似乎與記憶中的樣子相同，兒時記憶中的香氣忽然湧進口腔，毫不思索地就向老闆買了一杯，還一定要是大杯的。老闆才將冬瓜茶遞過來，我便迫不及待地大大吸了一口，咦！

那怪怪的甜味就不說了！怎麼冬瓜茶的香氣也不同了？特別香，香到讓你覺得不自然、不舒暢，勉強再喝二口，實在無法再繼續了，剩下的大半杯冬瓜茶只好分給路邊的垃圾桶。這杯冬瓜茶徹底打壞我當晚美好的心情，它毀滅了我對冬瓜茶美好的記憶，可是我始終不得其解，難道是現在的冬瓜品種不同了嗎？總不會是小時候的阿草伯偷工減料吧？

隔天到了客戶家，將昨晚的冬瓜茶一股腦地說給藥師好友聽，他一語驚醒我這夢中人：「你別傻了！那化學的啦！你去聞聞新鮮的冬瓜，哪來那麼濃郁的香氣？成本問題啊！這個比較好賺啦！杏仁茶也是一樣，你不覺得現在很多杏仁茶的香氣都不自然嗎？我已經很久不喝我不認識的冬瓜茶或是杏仁茶了。」這眞是令我驚訝又無奈的答案，心中一直疑慮著，老人家不是常說嘛：「第一賣冰，第二做醫生。」可見賣冰水的毛利超高，有差這點成本嗎？

而這個疑問一直到了我開蔬食餐廳才知道，眞的差很多。餐廳裡要供應客人免費的飲料，除了先前辛苦熬製的烏梅汁之外，後期我們改用天然的冬瓜茶。冬瓜茶磚是向信任的台南清豐商行進貨，清豐商行的老闆一向知道我們的飲料是免費供應的，還好意勸阻我可以考慮別家較便宜的茶磚，價格差一半，茶量卻可以調煮出二倍，亦即來回之間是四倍的價格。這麼巨大的成本差距，讓我不禁好奇地問：「爲什麼差那麼多？」這個疑問竟惹出老闆氣憤地回應：「他們每塊茶磚的利潤還比我們好咧！化學的嘛！粉調一調就好了！」原來，這就是很多平價餐飲店或是路邊攤可以大量獲利的原因，太多的飲料都可以用化學粉泡出來，而不需再費工、費成本地熬煮。無限暢飲，可是你的身體就無限負擔。

其實每一種不同的植物，都有不同的氣味，而這些氣味來自植物本身的精油，每種植物都有屬於自己專有的精油，所以就產生與眾不同的氣味。而既然是精油，當然會有遇熱揮發的特性，甚至是在空氣中自然揮發的現象。例如一杯剛煮出來的咖啡，其香氣濃郁無比，但是隨著時間過去，你能感受到香氣漸漸淡去。熬製水果類的果醬亦有相同的問題，一顆鳳梨置於桌上，你每天經過客廳時都會聞到鳳梨香，即便放上一星期，鳳梨香氣依舊。但當你將鳳梨切開，剁成細塊，熬煮成鳳梨果醬後，你只能在鼻子湊近罐子裡時才能聞到鳳梨香氣，而再也沒有滿室生香的鳳梨氣味。這些都是精油揮發後，產生的香氣遞減自然現象，我們無法強留住的。

所以，當人們將嗅覺的功能由「分辨」轉化成「美食享受」的時候，商人們就開始投其所好。於是冬瓜茶變香了，杏仁茶變香了，鳳梨果醬更香了，所有的再製食品都在商人的巧手下，滴兩滴化學香精變更香了。而這種香氣卻似乎與我們小時候的記憶有點不同。但是這種不正常，卻變成現代人的正常。

記得八年前，北車的站前地下街有一家排隊名攤，打出的招牌就是「咖啡麵包」，那濃濃的咖啡香，讓你遠在二、三十公尺外，就被它吸引到攤前。現烤的咖啡麵包，當然也吸引到那時的我，總會在回家的歸程上，帶幾個給老婆、孩子吃。沒過多久，自己的店開了，食安的概念也快速累積，忽然有一天回想到這個咖啡麵包的咖啡香氣似乎太過了，我們店內每次用一百克的咖啡粉滷出來的「咖啡豆乾」，僅在剛出鍋時存著淡淡的咖啡香，靜置一晚後就轉化成與咖啡完全不同的香氣。和當時的咖啡麵包相比，似乎有著不同層次的咖啡香氣。經過無數次的試驗，改變不同的滷法，就是無法留住咖啡香氣，不服輸的我，忿忿地回到站前地下街，想要再去買一塊咖啡麵包，理解一下別人高超的技術。怎知那門庭若市的攤位早已易主，忍不住向旁邊的老攤位打探一下，唉！被舉報了，那滴二滴的產品，就在一夕間消失了，在我心裡等同於維納斯女神的產品地位也就此破滅。

自然的環境中，冬瓜沒有香氣哪來的冬瓜茶香？杏仁優雅的氣息怎會被野艷的杏仁茶香精取代？把嗅覺的功能回歸「分辨」的本質，你就能吃到食物的原味，你的嗅覺就不會再是被商人利用的賺錢工具。

別被不該有的香氣騙走你的身體。

挑食

挑食是我小時候「健康教育課本」的名詞，意思就是只吃幾種特定的食物，而且非常執著，沒有這些食物就不吃。

你可能會質疑，那就是「偏食」啊！抱歉，我想要將這二個概念分開來，「偏食」是這個也不吃，那個也不吃，許多食物都被列為黑名單，絕不入口。然而這種等級，比起通通不吃，只吃特定食物的「挑食」來說，簡直是小鬼遇到大魔王。

有一位先生，在食堂開業之初，幾乎天天來報到，一小段時間後，就開始提出要求：「今天有沒有地瓜葉？」業務性格的我，當然是客戶至上，馬上衝入廚房詢問，然後很遺憾地回答他：「抱歉！今天沒有地瓜葉。」僅見他滿臉失望，但還是坐下來點了餐，等他離開後，我觀察他的剩食，整盤的「有機五色蔬菜盤」絲毫未動，另一碟「日高昆布」也是完好如初，他只吃了一碗飯、另一碟小菜以及主菜。對剛開業的我來說，完全無法理解這位先生的剩食原因。某一瞬間，靈光乍現，趕緊回到廚房問我老婆：「昨天是不是沒有地瓜葉？」，老婆回答：「已經二天沒有地瓜葉了，阿豐說這陣子要改種其他菜種，總不能給客人天天吃一樣的蔬菜吧。」原來這位先生二天沒有吃到地瓜葉了，難怪今天會問這些問題，叮囑自己，下次他再來一定要特別關注一下。

相隔一週後，這位先生又出現了，還是相同的問題，我趕緊去廚房，然後高興地回覆他：「今天有地瓜葉！」本以爲他會高興地用餐，哪知後面的要求更厲害，他希望蔬菜盤內其他的菜種都不要，只給他加量的地瓜葉，然後二碟小菜都不要，希望在主菜上加量。爲他出餐後，我便默默在旁邊觀察，其實他的口味尚稱清淡，難怪可以習慣我們的餐點，吃起飯來不疾不徐，看樣子是個小心翼翼的人，生活也過得清幽。當然我這個三十年的業務人，一定會找到機會與他聊一聊，想了解他的飲食習性。

聊上了，別稱讚我厲害，業務人嘛，裝熟找話題是我們吃飯的工具，但是今天這場閒聊，卻讓我這個餐飲新鮮人十分訝異。原來他是位嚴重的挑食者，所有的蔬菜他只吃地瓜葉與高麗菜二種，其他蔬菜一律不吃。然而這二種蔬菜他還特別偏好地瓜葉，高麗菜只是他不得已的第二個選擇；另一種愛好的食材是「豆製品」，尤其特愛油豆腐，次選是板豆腐，至於其他食材因年代久遠，不復記憶，僅依稀記得所剩無幾。換句話說，他的人生只吃幾種東西，其他一概不要。

這位先生在此次離開後，又過了好一段時間才又出現，看到他走進來，其實我也有些悻悻然，想要找機會教育他一下。而剛好在當天早上，我看到小黑貓送來的蔬菜箱裡，明擺著地瓜葉，可是我卻跟他說：「不好意思，地瓜葉的季節過去了，我們有好一陣子都不會進貨地瓜葉了，可是今天有很棒的皇宮菜，這是可以養肝的蔬菜喔！」本以爲依我老練的業務能力，可以順利將他留下來，怎知，只見他皺一下眉頭靜默了一會說：「沒關係，我下次再來。」然後他居然不等我反應過來，倏地一轉身就離開了，而且他這一離開，就再也不曾出現。

如果大家以爲這位先生是病態的特例，那我們再來看看另一位小姐的故事。她第一次來點了一碗蓋飯，爲她上餐後，因爲店內繁忙，也沒有太注意她，十分鐘不到，才收拾完另一桌客人的餐盤，回到座位區，小姐已經離開了。我趕緊收拾餐具，因爲有下一桌的客人在等，但當我定眼一瞧她留下的餐碗，發現碗內除了一點凌亂外，我實在看不出這位小姐吃了什麼。想說這種客人也不少，就踩到雷了，吃不慣我們這種清淡健康的餐點，趕緊收拾桌面，招呼下一桌客人入席。估計這位小姐應該不會再來了。

沒想到二、三天後，這位小姐又出現了，只是店內客人來來去去，我沒有把她記住，這次她依然點了一碗蓋飯，然後就提出要求：「老闆，我要白飯喔，你們上次給我五穀飯。」啊！原來是這位小姐，原來是因爲廚房出錯餐了，才會導致她上次幾乎留下整碗蓋飯。連忙道歉後，趕緊進廚房特別交代，不要再盛錯飯。上完餐後，一樣沒有太注意她，只是這次她離開時，有特別去打個招呼，謝謝她再次光臨。回頭再去整理她留下的餐具，咦？還是和上次一樣啊，碗內幾乎完好，沒有吃過的樣子，趕緊用湯匙翻一下內容物，是白飯沒錯啊，那她吃了什麼？一肚子的狐疑。

又過了一星期，這小姐又出現了，照例還是點了一碗蓋飯，未待我提問，小姐便開始提出要求：「飯一半就好，蔬菜也只要一半，小菜也少一點。」然後如同之前一樣，她離開後，碗內一樣留下許多東西，只是隨著餐點份量減少，似乎可以看出碗內有少了一些東西，但還是吃不到一半的份量。之後，這位小姐維持著一週來一次的頻率，而她的要求也愈來愈多。進來時會先問今天的配菜是什麼，如果不是豆製品，她就會選擇不要，所以我就會主動幫她減量。到最後，我只給她三分之一的白飯，蔬菜一小份，主菜份量不變，豆製品配菜一小口。然而，她依然留下許多食物在碗裡，送給廚餘桶了。

有一天，我決定要研究她到底吃了什麼食物，所以出餐前我在廚房裡，爲她的蓋飯照了一張相，最後又爲她的殘留碗景照相。我把二張照片做仔細的比對，發現她只吃了一小口飯，蔬菜幾乎沒動，主菜三杯杏鮑菇吃完了，豆製品的配菜也只吃一口。連續觀察一年，確定這位小姐就是一位挑食者，而且情況比起上一位先生有過之而無不及，這位小姐就這樣規律地光臨我們的食堂前後有二年的時間。就在她不再出現的數年後，她又來過一次，一樣挑食，一樣小食量。和那位先生一樣，纖瘦、皮膚暗沉、眼睛無神、敏感寡言，我不知是挑食影響他們的行爲，還是個性讓他們挑食。總之，那絕對是惡性循環。

大家會認爲挑食者是社會大眾裡的極少數，我也認同這點，至少在我的食堂裡，七年來除了這二位，好像也不是太多了。喔！還有一位看起來就像是藥物濫用的先生，但他只出現過三次，印象不深。但是反過來，除了挑食者，那偏食的就不勝枚舉了，除了不吃蔬菜外，彩椒與紅蘿蔔可謂是偏食者心中的第一名，其他的就各有所惡了，什麼白蘿蔔、青江菜、空心菜、菠菜、豆乾、豆腐、毛豆……你想得到的食物都有人拒絕。最神奇的是咖哩、小黃瓜、番茄，當第一次聽到有人拒絕這些食材時，我嚇得臉都歪掉了。我不知道爲什麼「挑食」、「偏食」的現象如此嚴重，只是默默地發現，年紀愈輕的人，這種現象愈嚴重。反而是一些年長者，除了因牙口不好，無法咀嚼太硬的食物外，幾乎沒有挑食的問題。這是不是因爲我們小時候困頓的社會環境，讓我們沒有「挑」的權利，而當社會愈來愈進步，飲食文化愈來愈精緻後，人們就愈來愈挑了！

最後，偷偷告訴各位，我的食堂裡常常來一些影視明星，或是一些標緻清秀的姑娘，皮膚光滑剔透，身材纖細玲瓏。暗暗觀察他們這些長得就是人生勝利組的顧客，他們絕不挑食，今天給什麼食物，無論多大盤的蔬菜，管它彩椒、紅蘿蔔，他們絕對清盤，還會PO上臉書，說他們今天吃了一餐超美麗的餐點，也難怪他們是勝利組。

「美麗」是吃出來的，絕不是「挑」出來的。

你挑食嗎？

手搖癮

當你覺得無法理解年輕人時，其實你已經不知不覺被年輕人同化。

我還任職於藥品公司的業務經理時，因爲經常性的出差，三餐自然都是外食。隨著年紀愈來愈大，就愈來愈放縱自己的舌頭，跟著年輕業務員的飲食習慣，小腹也慢慢變成大腹。一直到十五年前，年紀也來到四十好幾了，一天中午與業務員在彰化田中拜訪完客戶，正好是午餐時間，當然就在田中享受有名的「阿生肉圓」。用完餐後，業務員問我：「經理，要不要來杯飲料？」其實我並沒有飯後喝飲料的習慣，但既然年輕人提出來，我就順勢答應了，當時我在車上專心地看著下一家客戶的交易資料，沒有太在意業務員開車的方向。一分鐘後，車子停在手搖飲料店前，我忽然愣住，一下子沒會意過來，業務員就地給我點餐單了，我只好點了一杯綠茶微糖少冰，嘴裡嘟囔著：「我以為會去便利商店買飲料的。」但我並沒有太大聲，只是說給自己聽。原來這就是時下年輕人的習慣，我真的有點跟不上了，這時我就開始驚覺，我是不是該收斂自己的飲食習慣了。

其實在那當下，我並沒有感覺到任何消費分配的不合理處，因為我們二人中餐的花費共計約為一百五十元，而那二杯飲料的費用為六十元上下，所以不會讓我有任何疑慮。時隔十一年後，已經是我開台灣素食堂的第四年，有一天與內湖店的同行聊天，他是一個開肉羹店的老實人，因為符合大眾口味，而且相對低廉的價格，讓他在內湖科學園區的外圍開店已有近十年的歷史，那時我也已經將我的內湖店頂讓給他。隨著內湖店的失敗，難免會跟同行討論起商圈的經營心得，忽然他就聊起他店裡的怪談。他感慨著生意難做，而且年輕人愈來愈不重視自己的三餐，但是手搖飲卻是餐後一定會光顧的消費。甚至常常有一些男孩子，進了店只點一碗小魯肉飯三十五元，其他湯品小菜一律不要，然而他手上的那杯飲料，幾乎是他正餐的二倍價格。我完全無法接受我聽到的事實，一再地確認，男生嗎？只點一碗小魯肉飯？至少要配上一碗肉羹吧？不然一份燙青菜也好？但所有的答案都是否定的，回家後我一再和我兒子確認他不是這樣的飲食吧？還好這不是我兒子，但他們同學有好幾個有著相同的「手搖癮」習慣。

專心退回錦州本店後，隨著一波的促銷與努力，食堂的生意也漸漸回升。爲了吸引客源，除了套餐與蓋飯外，我們特別將單點的價格往下調整，就是希望能夠多吸引一些食量眞的很小的客人。就在我們決定往這個方向的時候，忽然想到會不會像內湖肉羹店般，只是吸引到一碗小魯肉飯之類的客人，最後我們還是爲了提昇營業額悶著頭做下去，然而我們眞的遇到了！

也是一位小資男孩，第一次進來時還有些靦腆，拿著點餐單，自己龜縮到食堂最角落的座位。我記得他研究超久，中餐時間也沒空太去注意他，過了十幾分鐘後，他終於將點餐單送來櫃台。然而我在點餐單上幾乎找不到他到底點了什麼，好不容易找到他那又輕又小的勾，一碗小碗的素魯飯。我想要再找找第二樣點餐，卻什麼都沒有，只好口頭跟這位羞澀的小資男孩確認，是不是只點了一碗小素魯飯，他才怯怯地點點頭。爲他上完餐後，在櫃台後默默觀察，他很快就用完餐了，我以爲他會大量飲用店裡免費提供的味噌湯及烏梅汁，來塡補他胃的空隙，然而他只盛了一碗湯，喝了二小杯烏梅汁，十分鐘內就離席了。不過也正常啦，他吃得那麼少，用餐時間當然很短。接著他幾乎每天中餐都會出現在食堂裡，一樣的小魯，一樣的一碗味噌湯、二小杯烏梅汁，然後迅速地離開。二、三個星期後，基於關心，在他要離開時開口關心了一下：「小兄弟，你中餐都只吃這樣嗎？」

「是啊，我中餐都有控制預算的！」

聽到這一句話，心想可能遇到困難的小孩了，如果是這樣，日後應該要在他的碗裡加點東西了，否則長此以往一定營養不良：「那你的預算是多少？」

「一百塊啊！一碗小魯和一杯手搖差不多了！」

瞬間我愣住了，手搖飲的預算真的是正餐的二倍多，剛剛的憐憫心全數收回，想要給的關心也立刻止住。

這位小資男孩前前後後出現了有三、四個月，基於想了解他們的想法與心態，常會利用客人少的時間，跟他多聊幾句。才發現其實他也沒有那麼靦腆，事實上還算是個活潑的孩子，老家在雲林，一個人在台北上班，月入四萬多，還算可以，但就是一個人在台北上班，沒有太多約束，所以夜生活就豐富了！常常要去夜唱，每星期都有一、二個聚餐，太多的娛樂，所以就必須在房租外，嚴格控制早中餐的預算。但是同齡的同事每天中午都會捧著一杯手搖飲回辦公室，所以他也必須要帶一杯回去，聽說這是面子問題，所以就只好用一碗小魯解決中餐了，會來我們食堂是因爲聽說味噌湯可以免費喝。

其實這個小資男孩還算是個具節制力的人，雖然每個月一定是月光族，但他還是堅持不允許自己有卡債，還算是個沒有玩瘋掉的孩子，只是對未來沒有太多規畫而已。下面這位先生，我就眞的百思不得其解了，也算是一小段時間的常客，每次來一定會自備一杯手搖飲，曾提醒他店裡有免費的烏梅汁，但他只是輕輕地對我微笑，還是堅持要去買一杯手搖飲，再回來用餐。但這位先生不是預算控制者，而是每次必點一整份套餐，只是我無法理解這杯手搖飲對他的重要性，因爲他一定是餐點與手搖飲同時在用餐期間內用完，留下空杯讓我們收拾。

然而食堂裡這樣小食的消費者雖然不多，但一、兩個月總會出現一個。無法一一了解這種不健康飲食方式的原因，但或許有一些眞的是家庭經濟因素，或僅是小腸胃的女孩，眞的有其不得已之處。寫下這些怪現象，不是要叨絮一些不健康飲食的八股，只是想提醒一下，如果你非不得已的因素，可否調整一下飲食預算？那杯手搖飲眞的有那麼必要嗎？

想清楚了嗎？

每天中午必買的那杯是需要還是面子？

還是該戒掉的「手搖癮」？

手機的強大功能

現代人手機不離身，每天滑著手機，

搭捷運，滑手機。

走路，滑手機。

約會，滑手機。

看電視，滑手機。

朋友聚會，滑手機。

時時刻刻，滑手機。

但是，能不能請你們與孩子吃飯的時候，放下你的手機好嗎？

吃飯不專心會影響消化，我想小學的健康教育課本裡、電視裡的營養師、健康版的醫藥記者，許多人都已經叨叨絮絮地念得你都煩了，但你還是要看手機。所以，我不會再從這個角度出發，我決定給大家來點重口味的。食堂裡的驚悚片，保證眞人眞事，或許這個角度可以讓你再思考一下，專心吃飯及耐心陪伴的重要性。

食堂開張的第一年，不到六點晚餐時間，店裡就來了一位媽媽，手裡牽著一個四、五歲的小男生，看樣子媽媽肚子裡還懷著一個娃娃。坐下後，母子點了一份餐，然後精采的畫面就此開始。媽媽開始滑她的手機，整個用餐期間她爲男孩做的唯一一件事，就是幫他盛一碗飯菜，然後再也沒有理會孩子，專心地滑手機。於是小男孩開始把餐廳當成操場，不斷跑動。當時剛開店，所以我對客人極度包容，只是向前將男孩抱回座位，然後當著媽媽的面，對男孩說：「大家都在端熱湯，這樣亂跑很容易受傷。」媽媽才若有所悟地要求男孩坐好，可是我才一轉身，這位媽媽又沉溺在她的手機裡了。

於是男孩又開始動亂了，他居然爬上桌子，將椅子倒過來後站在椅腳上，極度包容的我只好去廚房找一些可以哄孩子的食物和倒一杯烏梅汁給他，希望他可以好好坐著，但沒有用，媽媽從頭到尾無動於衷，她只關心手機。終於，廚房裡的老闆娘看不下去，來到前場要求小男孩坐好，並轉身希望媽媽要約束自己的孩子，當然心虛的媽媽微笑答應了。然而這對母子沒有離開的打算，一直到我們即將打烊，孩子的爸爸出現了，原來我們的食堂被當成托兒所了（其實我不想再花篇幅來形容爸爸更無知的寵兒行爲）。離開時，媽媽竟然來櫃台問我，她的孩子是不是有問題？我只是淡淡地回答她，是應該帶孩子去醫院檢測過動的問題，後面我再加上一句，如果醫生檢查不出孩子的問題，那媽媽應該要負點責任喔！數個月過後，媽媽頂著快要生產的肚子再度光臨，待我認出這位可怕的小男孩後，趁著媽媽還沒點餐就先對她約法三章，希望她能管控孩子，我們無法負擔孩子有任何意外，或是造成其他客人的困擾，媽媽滿口應允，但過了幾分鐘後媽媽將菜單擺回櫃台，藉口有事就帶著孩子離開了。當然我也鬆了一口氣，慶幸他們的離開。

別急，故事未完。三、四年後，一位媽媽帶著一位上小學的小男生，推車裡還有一個睡著的小女孩，進來後點了一份餐。上完餐後熟悉的場景又出現了，一個只顧著滑手機的媽媽，和一位全場飛奔干擾其他客人的小男孩，而且因爲年紀更大上了小學，破壞力更強，竟然還加上嘶吼。坐在隔壁桌的常客，瞪大眼睛向我求救，時隔數年的食堂經營，我已經認知這是我需要捨棄的客人。大步向前抓起孩子，將他放回座位，然後放大聲量要求媽媽必須管制孩子，不能只顧著滑手機，此後情況似乎稍微控制住。

但是，這僅是暴風雨前的寧靜，媽媽去叫醒熟睡中的小女孩，想要餵她吃飯，這位有著超級起床氣的小女孩不情願地起床了，然後開始哭泣、狂嚎，到撕心裂肺的尖叫。無奈的媽媽立即將她抱出食堂外，留下的小男生開始肆無忌憚地搗亂，我只好將他抱到廁所，板起臉來要求他必須安靜地坐好，但這只能讓他不跑下來作怪，男孩照樣在座位上折騰。但是，其實精彩的在外面呢，被抱到外面的小女孩竟然躺在錦州街的馬路中間哭喊，造成整條錦州街交通打結，我只好又出去將小女孩抱坐在屋簷下，再任其發洩。現場的客人紛紛走避，迅速地用完餐離去，我只好站在門口，一個個鞠躬致歉。

最後，又是在打烊時間，爸爸出現了，食堂員工在收拾前場，我正在結帳，他們一家四口慢慢地收拾準備離去。此時終場前的高潮戲來了，小男孩竟然爬上桌面，試圖做跳桌的壯舉，夫妻二人竟然無視這危險的動作，離譜的媽媽還在滑著手機，嚇得食堂的員工出聲制止。哈！各位觀眾，爸爸終於有台詞了，指著我們的女員工說：「妳小聲點，不要嚇著我的孩子！」這下子我這個大反派總要出場了：「請你們一家四口立即離開我們的店，以後不准再來！你們教出這樣的小孩，一點都不覺得丟臉嗎？」未待想反駁的媽媽發聲，我立即大聲吼回去：「妳既然有了手機，幹嘛還要生孩子？請你們立即離開，否則我會請警察來，向你們提出今晚我們的營業損失。」

好了，「滑手機的媽媽」，眞人眞事，短篇恐怖小說結束。驚悚嗎？

大家或許會以爲，這只是個極端的特例，其實社會上並沒有那麼嚴重。好吧！我也承認驚悚片不是常常有，那我們來點日常的家庭暴動喜劇。

又是一位年輕媽媽，一樣是客滿的晚餐時間，我將他們母子安排在門口緊鄰落地窗的座位。媽媽點完餐後認眞地滑手機，小男孩坐在對面，因爲無聊就用力拍打落地玻璃，嚇得我立刻上前制止。幼幼班的小男孩無辜地看著我，但手依然沒有停下來，而且拍打的力道愈來愈大，咦？媽媽呢？當然是滑手機啊！她對於男孩的一切完全沒有任何擔憂與制止，我立即做出決定：「這位媽媽請妳管好妳的小孩，不然我們無法招待妳，請妳選擇。」媽媽只停頓三秒鐘，立即站起來帶著孩子離開。當他們走出門口後，店裡的客人立即豎起大拇指叫好。

還是一樣的組合，年輕的媽媽帶著剛滿周歲的孩子進來用餐，坐下沒多久孩子立即哭鬧，原來媽媽太慢將手機打開來轉到卡通頻道，男孩就不耐地抗議著。男孩專屬的手機安排好了，母子兩人也開始安靜用餐，再也沒有躁動，原來母子二人各擁有一支手機，一起沉溺在手機裡，畫面相當和諧。當媽媽要離開時，雞婆的我向媽媽提出忠告，考慮一下，用手機安撫孩子似乎不是好選擇，趁著孩子剛滿周歲，一切都還來得及，改變一下。媽媽微笑點點頭，謝謝我的提醒。但日後的場景依然不變，二台手機的畫面照樣和諧。就在幾年後，母子再出現時，幼稚園的小男孩像個小魔王般，完全不理會媽媽的約束，甚至在媽媽不耐地打他的小手心後，猛地回踢媽媽一腳。這種相似的劇情，共計有好幾對母子，各有擅長，精彩度也各有不同。

最後，我們來些正面的教育片。一對夫妻帶著一雙剛上小學的兒女來用餐，用餐過程媽媽專心地為全家分配食物；孩子會主動幫媽媽盛湯，準備烏梅汁；爸爸認眞地用著極其控制的聲量，與二位孩子聊天。餐桌上除了食物與餐具，絕對看不到其他長物，更遑論手機。也從未看到任何人在用餐期間使用手機，一家四口充分享受用餐時和樂的時光。飯後，媽媽一定讓每個盤內乾乾淨淨絕無殘渣剩湯，二個孩子會耐心地將碗盤依照大小疊整齊，然後輕輕將椅子歸位，有禮貌地向我點頭告辭。這樣令人稱羨的家庭，本食堂至少有十幾組這樣的常客。

孩子的成長，一定是令你期待的，誰不想要自己的孩子溫文有禮，最好是成龍成鳳。其實只要每天用心地與他們一起吃飯，絕不耽誤你太多時間，然而這小小的付出，日後孩子給你的回報一定超過你的期待。這種不花成本的簡單投資，保證划算。千萬不要讓手機的強大功能，干擾了你及小孩的美好相聚。

教育從耐心陪伴開始，美好從專心吃飯開始。

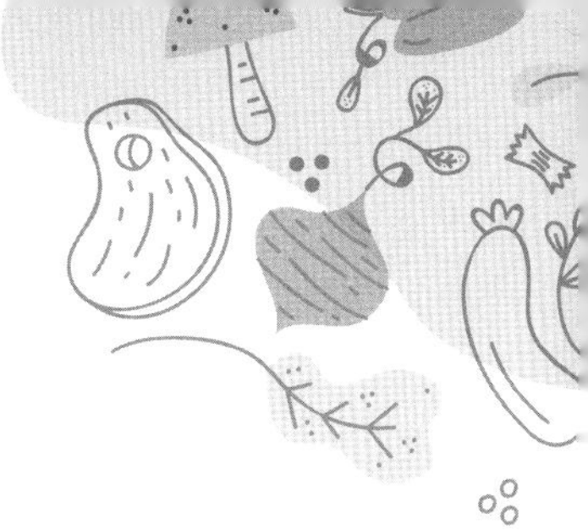

成也蔬菜敗也蔬菜

二〇一四年一月，台灣素食堂正式開張，經過前三個月的步履蹣跚，終於在五月份開始成長。再加上黑心油事件的推波助瀾，台灣素食堂在開業後的一年達到巔峰，而我當初對食堂的設定「平價有機，嘸摻嘸滴」，似乎得到市場的肯定。

然而當這波黑心食品的風頭過後，台灣素食堂的營業額每年都慢性下滑，我爲了提昇營業額，開始許多不同的嘗試。在食堂開業的七年裡，我每天在前場招呼客人、整理桌面、收拾廚餘。當然也學習其他餐飲同業的成功方法，觀察廚餘，廚餘是消費者告訴經營者的最直接答案，也是考題，但這個考題基本上對我們夫妻倆而言，「無解」。

「有機五色蔬菜盤」是台灣素食堂的招牌，每盤是衛生署設定一點五份（一百五十公克）的量，等於一般小吃店一份燙青菜的二至三倍，所以每天只要吃下二盤本食堂的「有機五色蔬菜盤」，一天的蔬菜需求量就滿足了。再來我們用每盤六十元的超平價價格，作爲市場的區隔策略，瞬間讓台灣素食堂在業界驟升知名度。於是，從不曾經營過飲食業的夫妻倆，似乎嗅到了成功的味道，次年六月，我們夫妻二人又投入一筆資金，將店面翻新擴大。然而，現實的殘酷終究會來，那些黑心食品廠商再也不爆新聞了，社會的傷口被掩蓋，民眾的痛忘記了，於是，對於飲食的要求又從健康取向回歸到口味取向。那盤豐富的「有機五色蔬菜盤」開始變成我們餐點的一大負擔，它被消費者檢討了：

那麼低價，我才不相信那盤蔬菜是有機的。

僅是汆燙拌一點水果醋醬油，清淡無味，簡直是在嚼草。

嚇死人，那一大盤青菜我一星期都吃不了那麼多，簡直是青菜當主食。

於是在我專任台灣素食堂「倒廚餘官」的七年歲月裡，我倒掉最多的廚餘是——蔬菜，而且都是有機蔬菜。倒得我頭皮發麻，倒得我通體「輸悵」。

其實，每個人都知道蔬菜的重要性，在大腸癌穩居台灣癌症第一名的事實裡，衛生署不斷呼籲，營養師、醫師每天在電視裡天天衛教，但大部分的人就是捨不得讓舌頭受到一點委屈。所以我見過的場景就千奇百怪了：

- 所有的餐點都吃完了，獨留那盤有機五色蔬菜盤，完好地放在桌上（台灣素食堂的套餐裡，一定會附上一盤有機五色蔬菜盤）。
- 常見一些憤怒的媽媽，都會在餐桌上教訓小朋友：「要吃蔬菜喔，多吃蔬菜才會健康。」然後就和小朋友興起一場餐桌大戰，媽媽努力地將蔬菜放入小朋友的碗內，而小朋友就在抗議中放聲大哭，而我就在櫃台裡偷笑，因爲這些媽媽每次獨自來用餐時，也都對著蔬菜挑三揀四。我都不知道在這樣的情況下，她要如何教出正確飲食的孩子？

- 點完餐時一定要交代，給他少一點蔬菜。所以我都要求廚房蔬菜只放一半，但客人離開時，那一半的蔬菜絕大部分依然被留下，所以當這些客人下次再來時，我就要求廚房蔬菜再放少一點。但無論放得再少，蔬菜還是回歸廚餘桶。
- 只吃常見的蔬菜。我們是與雲林西螺的自然豐有機農場合作，基本上我們不會要求農場每天要寄來什麼樣的有機蔬菜，只要農場當天收割什麼，就寄送什麼過來，品種愈多元愈好。所以我們每天都會有特殊品種的蔬菜，這時你就會發現很多人只吃常見的，例如：空心菜、大陸妹、高麗菜等等，其他蔬菜一律不吃，即便如高營養價值的紅莧菜也一樣，得被丟入廚餘桶。
- 用眼睛決定吃不吃那道蔬菜，連用牙齒試咬一下也不肯。這裡面最讓人氣結的個案是白莧菜，白莧菜的莖比起其他蔬菜顯得非常粗壯，但卻細緻清甜，我們廚房人員非常喜歡吃。但是有一部分的消費者，看一眼這些白莧菜的莖後，就決意把它們留下來，只吃葉子的部分。所以每到白莧菜的季節，我就要倒掉許多珍寶，最後我只好決定，全部留下來不裝盤自己吃，這下子廚房人員高興得不得了。可是我依然不解，爲什麼現代人吃不吃一樣食物，竟然是用眼睛決定？

以上怪奇現象僅是列舉其中一、二，而你有沒有出現在裡面？

其實現代人也漸漸知道，我們人體最大的免疫器官是腸道，而且也知道不吃蔬菜就會使腸道不健康，但大多數的人就是不吃蔬菜，或是蔬菜攝取量嚴重不足。於是，商人抓準商機，各種高纖飲料應接不暇，又或是昂貴的益生菌產品不斷推陳出新，大家一窩蜂地不吃蔬菜，卻又一窩蜂地吃進這些保健食品。但是很抱歉，事實更殘酷，這些產品對於不吃蔬菜的你，只有一個作用，那就是安慰你小小的心靈，對於腸道的健康並沒有太大意義。

首先我們來談高纖飲料，既然是飲料，那你喝進肚子裡的大部分是水溶性纖維，但事實上要使腸道健康，更需要的是膳食纖維。於是你喝這些高纖飲料，短期內似乎會有一些「咕嚕咕嚕」的效果，但一小段時間後，這些咕嚕咕嚕就自動不見了。更有一些聽起來很厲害的蔬果菜汁，一樣的問題，爲了好喝、順口，這些商品除了會將大部分的膳食纖維捨棄外，你還會喝進許多糖分。所以它除了缺少膳食纖維外，依然解決不了你的腸道健康問題，更麻煩的是，你還多了高糖飲食的問題。

再來談益生菌，這就是更荒謬的產品了。如果你無法保持高蔬食的餐飲，而期待用益生菌來保持腸道健康，這就如同用礦泉水來清臭水溝，徒勞無功。基本上，大家都看過養工處的人到家裡的後巷清水溝，這些工人第一件事一定不是沖大量的清水（這動作就如同你大量地吃益生菌），而是先將臭水溝裡的汙泥打撈出來（清宿便，保持腸道乾淨），如果可以就會在水溝的前後加裝擋泥框（少吃油膩，多吃蔬菜），這時候才是沖入大量清水保持水溝暢通的時候。如果這個清汙泥的動作不做，那無論沖入多少清水，那條永遠都會是臭水溝。這就很清楚了，吃蔬菜保持腸道暢通，才是正確的方法，期待補充大量的益生菌對腸道來說，都只是一時之功。

所以，吃真正的蔬菜一定是所有健康的根源，你別指望繞過它後有其他方式可以解決。

當你——

便秘時，吃蔬菜。

腸激躁時，吃蔬菜。

血壓太高時，吃蔬菜。

肝臟發炎時，吃蔬菜。
免疫力不佳時，吃蔬菜。
膽固醇過高時，吃蔬菜。
心血管疾病時，吃蔬菜。
皮膚粗糙常長痘痘時，吃蔬菜。
很重要所以說三遍——
每天吃足量的蔬菜，每天吃足量的蔬菜，每天吃足量的蔬菜。
這樣強調，大家都懂了嗎？你一定懂，就是多吃蔬菜身體才會健康。但是我的食堂為什麼還是經營不善，關門大吉了呢？因爲絕大部分的你們——
就是不吃蔬菜嘛！
唉！

3

當你面對土地，土地就會寵愛你

這是我最重視的章節，也是我最希望消費者能夠徹底理解的章節。

於是我花了最多時間，在這七篇文章裡，不斷查閱資料，無止盡地修正內容，甚至是整篇移除重寫。因爲我想呈現給大家最佳及最正確的土地資訊，希望大家看完這七篇文章後，能對台灣的農業及農友們，有更多的支持與尊重。

第一次認眞接觸小農，是我還在任保健食品廠副總的時代，我向公司提案，想要開發出一支完全是台灣本土原料的保健食品。在獲得總經理的支持後，就開始接觸各地的有機小農和農改場。其中包括大力蔘牛蒡的陳班長，認識了台中農改場、高雄農改場、台東農改場的各個專家教授，從「扁實檸檬」到「到手香」，最後董事會選定了台中農改場陳裕星博士精心研究的「紫錐花」，作爲我們技轉的目的物。而爲了取得原料，我開始在草屯、埔里等地區接洽數位有機小農，洽談契作紫錐花事宜。而與這些小農深度接觸後，漸漸發現這些小農有一個共同點——樸實，他們總是熱情招呼你，對於要合作契作的作物總是心懷敬畏，感謝你對他們的青睞與信任，願意給他們這樣的機會。在計算耕作成本時總是小心翼翼，深怕委託方吃虧；也有擔心自己的技術層面不足，屆時造成委託方的收成量不佳；更會不斷詢問陳博士有關作物與土地的相關知識，總擔心壞了陳博士的面子。這就是小農，土地的委託者，更是土地的忠誠者，你如何能不感動於他們的眞誠與樸實？這是我人生中第一次與小農如此深度交流，更從中親自體會到這些農友的不易，雖然土地沒有使他們富裕，但他們卻虔誠地信奉土地。

在這七篇文章中，有二篇主要在記錄台灣有機農業的眞實現況與窘境，更希望釐清許多消費者對於有機農業的誤解。甚至很多人用一句「台灣耕作土地面積狹小，在交互汙染的情況下，不可能發展眞正的有機農業」這種不正確的觀念與耳語，來傷害台灣的有機小農。

另有二篇我是從消費者的角度來介紹基因改造食品，我閱讀過市面上許多介紹基因改造食品的書籍，無論是正面或負面，總脫離不了市場與學術的衝突與辯證。但我在實際與消費者面對面的接觸與聊天中，發現消費者的觀念是不清晰的，大部分的人只要談到基改食品就會擔心與抗拒，但你若深入去問他們爲何排斥基改食品，他們也無法明確地說出緣由，僅是莫名擔心著。這二篇我站在消費者的角度來分析，告訴你爲什麼要擔心基改食品，給消費者最平民化的眞相。

最後，我要告訴各位讀者食物眞正的氣味。好的農產品長得慢，活得眞實，所以一般而言，這樣的農產品個頭都不大，甚至是其貌不揚，但是絕對擁有該項農產品眞正的氣味及甘甜。還有台灣農耕地嚴重不足的問題，更深層的問題是休耕的農地面積，更是直接影響台灣農作物的自給率，這一定是個國安問題。在可預見的三十年內，世界一定會有搶糧危機，但依目前台灣農業土地的運用率，怎不令人擔心？

土地，永遠是萬世子孫得以安身立命的所在，當你面對土地，土地就會寵愛你。

大家的有機

近年來有愈來愈多消費者願意支持有機，也願意用更高的單價來支持，更希望有機成爲「大家的有機」。因爲是大家的有機，所以就要更愛惜，行動就是最好的證明。

在賣場、有機店裡，你都會看到一袋袋的有機蔬菜，每袋二百五十公克的有機蔬菜平均售價大約在三十元左右，大概是慣行農法蔬菜的二至三倍價格，有機嘛！貴一點合理。眞的是如此嗎？有機蔬菜的價格眞的必須是慣行農法蔬菜的二至三倍嗎？我們來解析一下。

一個有機認證的塑膠袋三元，小農負擔。不用懷疑，這是五年前阿豐告訴我的價格，不知道後面有沒有調整。爲什麼要有這個塑膠袋來讓消費者認證這是有機蔬菜呢？

原因我也不知道，你或許覺得好笑，但親愛的你不也是被同化了嗎？如果有機蔬菜不是包在這個塑膠袋裡，你會買嗎？你敢買嗎？我是無法理解，但是市場的規則就是如此。很多消費者就只認這個塑膠袋，認爲只有這個塑膠袋認證的蔬菜，才是有機蔬菜。

但是這個概念不覺得衝突嗎？全世界的有機新概念不就是「永續」嗎？地球永續、土地永續、環境永續，但是將這個永續的蔬菜裝入一個不永續的塑膠袋裡，消費者才肯買單，這不是很荒謬嗎？十幾年前，歐洲的有機蔬菜都只用一條麻繩捆著就上市場了，而消費者一樣買單。二〇一七年開始，德國 REWE 集團開始在所屬的八百家連鎖超市，在地瓜與酪梨表皮以雷射打印標籤，進行有機蔬果包裝減免的新概念，而德國的消費者反應熱烈，從此有機蔬菜就完全不需包裝。除了減少地球汙染外，更讓小農省去包裝費用。

如果大家認爲就只有這三塊錢的有機認證塑膠袋，那就太小看問題了。爲了這個塑膠袋，後續的費用跟著產生，也就是人工成本。阿豐說，爲了讓這些有機蔬菜漂漂亮亮地躺在塑膠袋裡，他得專門請一個妹妹包裝整個下午，十分浪費人力，增加有機小農的成本負擔。然而事情還沒完，爲了讓蔬菜包看起來美觀，還得精心挑選賣相好的蔬菜，小心翼翼地裝進去，再把角度調整到最賞心悅目的狀態。剛開始阿豐自己也不知道，妹妹就順著採收的順序包裝，沒將蔬菜包裝美容一下，那批有機蔬菜被退了大半回來，因爲在超市的有機蔬菜架上，它們沒被婆婆媽媽們挑上眼。聽到這裡，不自覺地「啊」了一聲，有機蔬菜也有退貨的嗎？是的！婆婆媽媽們不要的，就全部退回有機農場。

來，我們整理一下。

三塊錢的有機認證包裝袋，小農負擔。

包裝蔬菜的人工成本，小農負擔。

爲了包裝美觀，只有七成的蔬菜被挑選入袋，三成耗損，小農負擔。賣不出去的退貨，小農負擔。

你還認爲有機蔬菜很貴嗎？買有機蔬菜的時候，可不可以照著架上順序，拿了就走，不要挑選？我們是不是一起來告訴超市的經營者，我們不要那個塑膠袋？大家一起來，用你的行動來愛護大家的有機。

宜蘭大學黃璋如教授非常熱愛台灣的有機產業，她很認眞推動「大家的有機」。黃教授於二〇一五年成立「有機之心——美食餐廳」，她的理念非常值得推崇，她認爲有機產品與消費者間最佳的媒介是餐廳，所以她先在宜花地區推動各個大小餐廳加入有機食材計畫，讓小農的產品可以透過餐廳推給消費者。剛開始只在宜花地區推廣，僅十數家餐廳加入，我們台灣素食堂是主動打電話給推廣中心，表示願意加入這個計畫，也是台北市第一家加入的夥伴。每個加入有機之心的夥伴餐廳，都會在餐廳外掛起一個小瓢蟲LOGO的牌子，告訴消費者這是一家使用有機食材的餐廳。經黃教授用心的推廣，現在全省已經有一百一十六家餐廳加入有機之心的行列。

而至於教授爲什麼要用小瓢蟲作爲LOGO呢？因爲瓢蟲是許多農業害蟲的天敵，一隻瓢蟲平均一天可以捕食約一百隻左右的蚜蟲，有效幫助有機種植的農民對付這些傷害農作物的小害蟲。而且瓢蟲對環境非常敏感，對於慣行農法的農地、充滿化學農藥的環境，瓢蟲是絕對無法駐留繁衍的。所以說，小瓢蟲是有機農業的重要環境指標，因此被選爲有機之心計畫的象徵。

然而最令人感動的是，黃教授爲了要輔導餐廳多用有機食材，所以將「有機之心──美食餐廳」依照餐廳使用的國產有機食材類別和品項多寡，分成五個「心」等。而一顆「心」的餐廳只要能提供一道在地有機食材的餐點，即可加入有機之心的行列，這麼簡單的門檻，就是爲了鼓勵餐廳輕鬆加入再來慢慢提昇，讓餐廳慢慢增加有機食材的品項，進而達成對國內有機小農的實質幫助。

在這個充滿善念的組織裡，每位餐廳的經營者都是善心天使，所以當你進入有機之心餐廳時，只要對他們提供的有機食材做出鼓勵即可，千萬不要做一個傷害別人善心的消費者，嫌餐廳的有機食材不夠全面。明知餐廳的蔬菜是有機的，就指責他們的米飯不是有機的；明知餐廳的水果是有機的，就嫌棄他們的醬油不是有機的。這是一種傷害善意的行爲，每個餐廳都有不同的考量，只要他們爲台灣有機小農做出貢獻，哪怕只有一點點助益，都値得你鼓勵的掌聲，不是嗎？

加油，「有機之心——美食餐廳」。加油，黃璋如教授及她的團隊。加油，所有台灣的有機小農。

依照國內外所有學術機構的研究，餐廳確實是有機小農與消費者間，最好的溝通管道。無論是有機農產的消耗量，或是吸引消費者走進有機的世界，餐廳均扮演著最有效的媒介。於是有一群小農的支持者，開始經營起「格外品餐廳」，這類餐廳在世界各地不斷增加，不但向小農採購格外品來入菜，更在市場蒐集或採購格外品蔬果，做成菜餚供應給消費者，他們也用格外品蔬果來作爲餐廳行銷的主軸，獲得消費者的肯定與支持。

首先來介紹什麼是「格外品」？其實它是日文衍生過來的詞，意即規格外的農產品。每個餐廳爲了處理方便，都會指定供應商，他們的餐廳只收什麼樣規格的農產品。而逛市場的婆婆媽媽們也是一樣，個頭不漂亮，長得不稱頭的蔬果，都會被捨棄，最後則被丟棄在市場的垃圾桶裡。這種不符規格的蔬果即被稱爲「格外品」，然而就只是因爲長得醜而已，這些有機蔬菜的命運居然就如此不堪。而根據統計，這種醜蔬果居然占了蔬果總產量的四成，但是它們不過是長了兩條腿的紅蘿蔔、歪脖子的馬鈴薯，或是多出一顆頭的山藥，雖然奇形怪狀，但營養價值與美味卻百分百和「規格品」相同，只是長得醜一點而已。於是開始有環保人士經營的餐廳專門使用這些醜蔬果，做出一道道美食讓消費者買單，也教會消費者惜福的概念。

二〇一七年起，環保署結合新北市農業局，一起推廣名爲「惜食分享餐廳」的計畫，結合了雙北三十家有理念的餐廳，一起推動格外品餐廳。推出後，每年都可以讓七百七十公噸的格外品蔬果，免於被丟入垃圾桶的命運。但這是遠遠不足的，依照台灣每年產出三百萬公噸的格外品蔬果，這七百七十公噸僅是杯水車薪。好在這個採購及食用格外品蔬果的概念，已透過這些環保餐廳的推廣，漸漸地吸引一些婆婆媽媽注意此環保議題。再加上民間已經有十數家格外品蔬果專售公司，讓這些格外品有愈來愈多的數量，慢慢地從垃圾桶被轉回到餐桌上，而這種惜福的力量愈大，台灣的小農就愈有機會。

各位讀者，改天你在假日市集或市場裡，看到一些長得奇醜無比的蔬果時，別擔心，它們絕對是內心善良、貨眞價實的好產品。除了醜，它們可以提供給你的營養價値絕對是相同的，大膽地將它們買回家，還可以享受價格優惠。如果問我爲什麼敢向你們如此推薦？我偷偷地告訴你，台灣素食堂的紅蘿蔔、馬鈴薯、牛蒡，還有全部的蔬菜，都是盡量採購農場裡的格外品。而七年來，我們的五色蔬菜盤總是被消費者稱讚清甜無比，愛蔬食的朋友們從無惡評，這就是我敢向你們推薦的信心來源。

大家的有機當然要靠大家一起支持。

我們要的是有機蔬菜，不是靠塑膠袋認證的蔬菜，即便只有一根草繩綁著，它們還是大家的有機。

我們要的是更多的有機餐廳，所以要不吝於給他們支持與掌聲，即便他們店裡只有使用一樣有機農產品。

我們要的是有機的營養與安心，所以長得醜一點的格外品，當然也是我們的選擇。

大家的有機當然要靠大家一起支持。

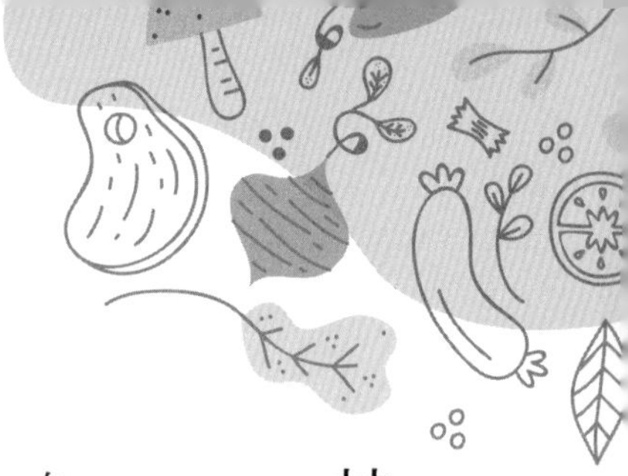

被誤會的有機農業

台灣素食堂的七年裡，被關心最多的問題就是「有機」，消費者具有有機的概念，也極力支持有機小農，這就是台灣有機市場的養分。但相同地，這七年來接收太多對於有機的錯誤批評，而這些錯誤觀念，對台灣的有機農業有相當大的殺傷力。所以我想在這本書裡，和大家一起釐清有機種植的正確概念。

誤會一：食堂裡聽到最刺耳的傷害性流言就是「台灣不可能有機啦！」

這是一種惡性中傷，一句話抹滅了台灣無數有機小農的努力。我們不知流言的起始處，也不知散布這種惡性流言的目的何在，但他們的立論偏狹，毫無根據，但殺傷力十足。在食堂裡，每段時間都會有這些不理性的消費者，提出這種毫無根據的傷害性言論，每每想為台灣有機發聲，但隻字片語總是無法解釋清楚，只能徒增爭論，所以想藉此篇文章，一次解釋清楚。

這種無端的指控，當然就是指「鄰田汙染」的問題。台灣地狹人稠，耕地更是阡陌相鄰，加上農藥的噴灑可飄散面積達二公里之遙，亦即目前台灣的有機小農都無法避免慣行農法的鄰田農藥汙染，這就成了有機小農被攻擊的理由。再加上農政單位僵化的政策，有機農產還在固化地以農藥零檢出為認定標準，殊不知，農地廣大如美加等國，亦無法避免「鄰田汙染」的問題，更遑論台灣。有機農業最發達的歐洲，每年有機農地均以倍數成長，一九八五年歐盟開始積極輔導農民全面開拓有機種植面積，當時歐盟的有機種植耕地僅十萬公頃。到了一九九八年，僅十三年的時間，歐盟的有機種植面積已成長至二百八十萬公頃，到了二〇二〇年更已快速成長至一千四百五十萬公頃，這跟歐盟健康、有效率的有機農業政策有關。事實上，歐美國家於一九六〇年代即開始推行有機2.0的概念，提出「有機」四原則——「健康、生態、公平、謹愼」，開始捨棄「零檢出」這種古老且不符現況的規定，而更重視人跟環境和諧永續的關係。以美國來說，他們認爲環境中有無法避免的汙染，公告殘留標準的百分之五內被視爲背景値，都算合格的有機農產品；另外，在澳洲的容許背景値更是高達百分之十。

近年來有機3.0的新觀念，更是從生產延伸至重視「永續」的消費精神。有機3.0號召你我共同探索有機農業的初衷，重新在永續的基礎上發展出各種策略，更加確認「零檢出」是不需存在的概念，只要農民願意使用與土地永續共存的耕作模式，皆可被認定爲有機種植，其作物當然就能認證爲有機農產。

而事實上，台灣的零檢出標準，嚴重限縮有機農業的發展，直至二〇二〇年，台灣的有機農地爲六千公頃，僅佔總耕地的百分之零點七，依現在農藥殘留的檢驗技術，已從十年前的 0.1PPM，跳躍式進步到 0.001PPM。若是主管機構依然僵化使用舊有的有機農業規範，則台灣的有機農業願景將極度堪憂，而這種傷害式的流言，更將重創台灣有機小農的熱情。

誤會二：擁有有機證書才是真的有機嗎？

台灣的有機認證費用高昂，從有機轉型到有機認證，就要花費小農一、二十萬的認證費用。每一到三年還要重新認證，每次又是六萬以上的負擔，這還不包括有機肥料的價格是化學肥料的二倍以上，導致許多小農無法負擔。但他們依然使用有機的種植方式，雖然其農產品價格只能與慣行農法的價格比較，而產量卻只有有機農法的量，但他們還是堅持著。

安農農場的「有機檸檬」

我在開店的第三年，因店裡需要用到有機檸檬，於是便在網路找到屏東里港安農農場。當然，龜毛的我還是堅持眼見爲憑，不辭千里地開車到屏東，只爲了瞭解農場的有機作業是否確實。來到農場，看著堅持有機農法的老闆娘，園裡面的每顆檸檬她都可以現摘下來，連著皮一起吃，不用懷疑，就是在我面前連著皮一起吃，一來她以此證明自己的檸檬無農藥，二來她知道檸檬皮才是營養價值最高的部分。雖然農場已交由兩個兒子管理，但園裡的粗重活她都沒有少做。

直至臨走前，我已經完全忽略要跟老闆娘審閱農場的有機證書了，因爲開始經營有機餐廳以後，我只相信人的敦厚。見到了人，聽著他們對自己產品的介紹，就安心了，比起那張有機證書更讓人心安。但就在此時，這位老實的老闆娘，竟然主動對我說他們現在並沒有有機認證，當下的我雖然訝異，但其實心裡一點也不在意，只是淡淡地問她原因。其實他們農場剛開始是有證書的，但因家庭的因素，加上當時園裡的慘澹收入，那時的她已經負擔不起這年年的有機認證費用了。所以好些年來，她只是堅持著有機種植，但卻只能賣出幾近於慣行農法的檸檬價格，一直到兩個兒子長大回來接手，改變行銷方式，農場的收入才漸漸改善。聽完這些只有感動，但我們食堂的決定並沒有改變，店裡用的就是安農農場的檸檬。

不與老天爭的黑仔農

黑仔農是苗栗公館山上的小農，在買下的一片廢棄柑橘園裡使用秀明農法，種了一堆我看不懂的作物。我和夥伴去參觀他的農場時，他已經從中廣公司離職買下這片山，在山上蹲五、六年了。上山的路非常崎嶇，我們很辛苦地跟著黑仔農的車也只能跟到半山腰，便換坐他的發財車，因爲黑仔農說後面的山路不好開，坐他的車比較安全，大家光聽就知道這山路有多坎坷了。

到了農場，他開始介紹作物，他不施肥也不除草，記憶最深的是我們站在一片山坡前，他自豪地說著，在我們的腳跟下，他種了八百株的茶樹。但我仔細地看就只有看到一片雜草啊，黑仔農微笑地蹲下來撥開雜草，指著長得比雜草還矮的茶樹，告訴我們八百株茶樹就在這裡。我驚訝地問他種幾年了？他說三年以上了，何時可以收成呢？黑仔農只是淡淡地說：不知道，老天何時賞茶喝，他就何時開始採收吧！問他經營農場這些年給他帶來什麼收益？他竟然毫不在意地說，去年老天爺有給他幾顆小小的橘子吃。他的瀟脫與堅持，竟把我們夫妻倆對台灣素食堂的堅持給比小了。

下山的路上經過他種蓮藕的二區水田，依然見到他不與老天爭的氣概。二區蓮藕田有一區完全無收，另一區產出了一些蓮藕，我毫不猶豫地立即向他訂購一批蓮藕。幾天後黑仔農親自送來這售價僅二千元的蓮藕到台北，當我訝異於這油錢比物流費還貴時，竟第一次聽到黑仔農嚴肅的語氣：「老天爺賞的作物，我不想交給物流公司糟蹋，自己送比較不會傷到蓮藕。」這就是台灣老農才有的精神，可是他還很年輕啊！他的農場沒有有機證書，可是比有機還要天然；他的農場幾乎無收，但卻比任何農友都費心。黑仔農除了需要耐心、毅力外，還需要更多的資金與堅持。這就是傻瓜做的秀明農法，但是，他的農場沒有有機證書。

上述這二個親身經歷的故事，並無意要否定有機證書的重要性，當消費大眾與有機小農之間並無明確的溝通橋樑時，秀出農場的有機證書當然是較具公信力的做法。但我只是想讓大家知道，其實在台灣還有很多小農，他們並沒有有機證書，但是他們對土地的摯愛，卻不亞於任何人。他們不需要任何有機種植條例的規範，因爲他們對土地的心比所有的條例還要嚴謹，所以當你在小農市集遇到他們時，請給他們一些鼓勵與支持，寧可多相信一些，也不要因爲一張證書而傷害他們的努力。

我也曾在市集裡支持了假的有機小農，但我一點也不在意，這些都不在我考量的範圍，因爲我不想因質疑，而誤傷到任何眞心的小農。

誤會三：有機的價格那麼好，小農的收益一定很好。

有人統計過，其實每個小農只要好好經營二百至三百位消費者，就能爲小農帶來穩定收益。說起來似乎很簡單，但實際上，百分之九十的有機小農，連三十個穩定的消費者都經營不起來。因爲台灣的有機小農面臨著產銷之間嚴重失衡的劣勢，許多小農致力改善有機的耕作模式，但對於土地到餐桌的距離，永遠是他們無力的部分。於是許多小農每個星期辛苦地跟著市集，只爲了那幾千塊的收益，當你在市集裡抱怨著小農的農產售價總是居高不下時，你沒想到他們可能遠從花蓮到台北，只爲了週末二日的假日市集。或許這二天他們有了一、二萬的收入，但扣除油錢、住宿、場租、產品損耗，在不計算人工成本的情況下，他們眞的所剩無幾。所以有更多的小農選擇與盤商合作，就像只會種金針菇的林先生一樣，一整箱十公斤的金針菇，還要自己眞空包裝成五十包（每包二百克）。這樣一箱，他的收益僅三百五十元，我不敢妄言盤商是否暴利，但我確定的是小農的收益是有限的。

台灣素食堂的第三年，有個團隊寫了一個輔導有機小農的企畫案，向政府申請了補助款，成立一家新公司，然後爲我的食堂送來一台全新的冰箱，說是要讓台北數千家的餐廳，直接成爲小農有機蔬菜的銷售據點。洋洋灑灑的企畫案，就是爲了幫助北台灣的有機小農，可以輕鬆地讓他們的蔬菜「從土地到餐桌」，多麼理想遠大的企畫。而這種幫助小農的創意，我們食堂從來沒拒絕過，於是新冰箱來了，條碼機來了，有機蔬菜也來了，我們二天就賣完冰箱裡十幾包的有機蔬菜，小農可有四百五十元的收益。初期台北聽說有二、三十個據點願意銷售這樣的有機蔬菜，這樣小農一個星期就會有總數一萬元的收益，好像還可以。錯了，狀況來了，第二個星期沒有蔬菜送來，我打電話去催，當初那位熱情有理念的年輕人說物流系統出了問題，下星期就恢復正常了。又過了一星期，有機蔬菜依舊沒有配送，食堂的客人天天來問：有機蔬菜還沒來啊？就這樣延宕了幾星期，有機蔬菜終於來了，是年輕人自己送來的，他一邊道歉一邊靦腆地解釋，說這是特殊狀況，下星期就會恢復正常了。可是下星期又沒有蔬菜了，再下星期，熱情有理念的年輕人來店裡吃晚餐，說他離職了，要我們以後直接和公司聯繫。又過了一個星期，終於有人送蔬菜來了，原來是拉拉山上的有機小農自己送蔬菜，只聽他滿嘴抱怨，原來所謂北台灣的有機小農，只有這位小農是唯一的代表，而台北的銷售據點又過於分散，導致他每星期要花費他二個工作天下山來補貨，無論是油錢或損失的農活時間，都不是這些據點的收入可以彌補的。所以小農不情願地來補了二次蔬菜後，就再也沒有出現了。然後呢？然後這個偉大的計畫當然就戛然而止。

這就是有機小農與市場間產銷失衡的明確案例，於是近年來，常常有個人或公司想要爲小農與餐廳間架起銷售平台時，我提出的第一個忠告一定是「物流」。先想清楚如何解決農產品的物流問題，是要先集中再發貨，還是直接從小農處發貨至各點，各有優點與難處。但這就是小農無法解決的問題，也是小農最無法負擔的成本，七年來的經驗告訴我，幾乎每個家庭都希望吃到有機產品，有機小農也希望能用較平價的價格供應給消費者，但平台及物流問題，就是無法完善地解決。至少到目前爲止，我還沒看到一個完整的架構，而笨拙的我也想不出完美的方法。沮喪！

其實七年來，近身觀察台灣有機農業的發展，才知道其困難點。尤其是有機小農更是難上加難，所以絮絮叨叨地撰寫這篇文章，是要疾聲地呼籲大家：

別跟「小農」太計較，別跟「有機」太計較。

有機不一定要無殘留，而是對土地的友善與永續的心。
有機不見得是證書，不小心踩了雷，就當作是資助台灣的土地。
有機一定不是貴族，貴的是小農的心力與溝通成本。

認識土地的真正氣味

土地賜予的氣味，似乎在人類的嗅覺記憶裡慢慢消失。

台灣素食堂結束後，我尊敬的郭總（二十年前保健食品界的老闆）給了我一項繼續爲蔬食盡力的產品——植物奶，澳洲第一大品牌的植物奶。在這個良心的澳洲品牌裡，充滿著對土地與人們友善的企業文化，當然會選擇最優質的燕麥去製作燕麥奶，可是當我向店家介紹這個有良心的燕麥奶時，總會遭遇許多拒絕的理由。當然幹了三十年業務的我，面對任何的拒絕理由都能快速消化，並去理解背後眞正的原因，來爲下一個客戶做更佳的解說，提高交易的成功率。然而近來卻接二連三地受到數十家客戶，提出相同的拒絕理由，讓我相當感概，並且訝異地驚覺，原來人們對於農產品眞正的香氣，已經失去嗅覺記憶了，這個拒絕理由是：

你們的燕麥奶，燕麥味不足。

這讓已經吃了七年有機蔬食的我，瞬間無言以對。於是，我決定撰寫這個章節，寫食物真正的香氣，讓大家開始去尋找農產品真正的氣味。

一位有機小農很感概地，在他的臉書裡寫下一段文字。

現在的農產品，無論豢養的雞鴨或是種植的蔬菜，都是經過化學物質催熟，以至於重重的腥味取代了原本的氣味，讓人們都忘記了這些物種原本該有的味道。所以就將腥味記憶成農產品該有的氣味，反而將這些幽香的原始香氣當成「淡而無味」。

四十二天長成出關的速成雞肉，進化成二十八天的超速成雞肉，這就是我們在速食店吃到的炸雞，業者當然大力撇清他們絕不使用激素，而是利用科學數據努力研究雞的品種，選擇出最容易生肉的雞種。再精密地計算出，雞隻前中後期應該要調配出的科學營養配方飼料，於是雞隻快速地成長，更加符合商人的期待。然而，這些雞隻因爲腳的支撐力始終趕不上體重快速增加的壓力，所以牠們從來沒有站起來過，就這樣慘澹地結束一生。更因爲如此不符合「雞」性的成長模式，所以業者提供給你我的雞肉裡，充滿著濁重的腥味，速食店的炸雞配方爲了掩蓋這股腥味，又加了許多獨門的配方。除了加強調味，更強化了特殊香氣以遮蔽這些雞腥味，但被商人漸漸麻痺的你我，以爲這些腥味就是雞肉原始的氣味，最後竟認爲沒有這雞腥味的雞肉是香氣不足的。不過，這或許就是這些無奈的速成雞，用這股腥味對商人提出最後的生命抗議。

但是你記得每逢過年，阿嬤家那道白斬雞嗎？沒有過多的烹飪技巧，只是簡單的水煮；沒有重度的調味，只有一碟自釀的醬油。可是那盤雞肉就是那麼好吃，沒有任何腥味，肉質細緻緊實，誘惑你吃得滿口油膩，食指大動，這就是放山雞。阿嬤不懂速成，放任雞仔滿山跑，自己去覓食，偶爾撒一碗昨晚吃剩的白米飯。雞仔總是長得慢，反正阿嬤也不急，沒有逢年過節，也捨不得自己吃，每次孫子們從外地回來，就剛好有一隻雞仔長大，適合給孫子們解饞，而那隻雞也絕不會怨恨地留下腥味給金孫們。你還記得那隻香噴噴的白斬雞嗎？你還記得那隻雞腿的紮實勁嗎？這淡而眞實的香氣，絕對是阿嬤慢養的放山雞才有的感動。

台灣素食堂前後營業了七年，每年都會推出新菜色，常常修改菜單。但我們有兩道主菜——「三杯杏鮑菇」、「杏鮑菇天婦羅」，七年來卻始終屹立不搖，一直深受消費者喜愛。這兩道以杏鮑菇爲主要食材的產品，我們開幕後就未曾替換過，也是店內唯二長賣七年的產品。每次顧客上門就稱讚這是沒有「菇腥味」的杏鮑菇，他們不吃外面的杏鮑菇，就是害怕吃到有菇腥味的杏鮑菇。這時我就會開始大肆介紹我們食堂只使用有

畫出你的生命之花

自我療癒的能量藝術

作者／柳婷 Tina Liu
定價／450元

靜心覺察、平衡左右腦、激發創造力

生命之花是19個圓互相交疊而成的幾何圖案，象徵著宇宙創造的起源，這古老神祕的圖騰，不僅存在於有形無形的萬事萬物中，也隱藏在你我身體細胞裡。

繪製一幅生命之花，除了感受到完成作品帶來的成就與喜悅，還能在藝術靜心的過程中往內覺察自己，得到抒壓。其特殊的作畫過程可以啟發我們左右腦的平衡運用。這些神聖幾何的親自體驗，也一定會讓人對生命哲理有更深入之領悟，這就是改變的開始！

延伸閱讀

能量曼陀羅：
彩繪內在寧靜小宇宙
定價／380元

法國清新舒壓著色畫50：
療癒曼陀羅
定價／300元

法國清新舒壓著色畫50：
幸福懷舊
定價／300元

女神歲月無痕——永遠對生命熱情、保持感性與性感，並以靈性來增長智慧

作者／克里斯蒂安・諾斯拉普醫生（Dr. Christiane Northrup）　譯者／馬勵
定價／630元

美國第一婦產科權威、《紐約時報》暢銷作家的第一本女人保健聖經！

本書作者克里斯蒂安・諾斯拉普醫師是美國婦產科權威，亦是一位有前瞻性的女性保健先驅。經過數十年臨床職業生涯，她現在致力於幫助婦女學習如何全方面提高身體健康，為非常多健康、身心靈的暢銷書當過推薦人。本書是她依女人和專業醫師的不同身分出發，告訴讀者如何改變對於年齡增長的焦慮，不用醫美、不用整型，就可以自信、快樂地活著！

願來世當你的媽媽

作者／禪明法師　繪者／KIM SORA　譯者／袁育媗
定價／450元

全彩插圖+簡潔文字，讀人輕鬆享受閱讀

全書由一則則短篇故事組成，作者以簡單易懂的文字描述寺院裡的日常生活及其修行體悟，再加上繪者溫暖可愛的插圖，將書中的人物畫成貓的模樣，讓讀者能輕鬆地透過閱讀領略書中滿溢的親情與人生的道理。

沒有媽媽的女兒——不曾消失的母愛

作者／荷波・艾德蔓（Hope Edelman）　譯者／賴許刈
定價／580元

《紐約時報》暢銷書，Amazon五星好評，累積至今發行超過五十萬冊

Amazon上千則好評，《紐約時報》、《華爾街日報》等媒體盛讚「撫慰人心，痛苦卻解憂，與各年齡層失去母親的女性產生共鳴。」的療癒佳作。本書集結作者對眾多喪母之女的訪談，將個案親身經驗結合心理學理論來說明，女兒如何熬過當時的情緒風暴，走過那條孤單的路。書中也提到，積極為已逝的至親哀悼，正視其離開所帶來的傷痛，並從中平復，能減緩這周而復始的傷痛且得到慰藉。

輪迴可有道理？

——五十三篇菩提比丘的佛法教導

作者／菩提比丘（Bhikkhu Bodhi）　譯者／雷叔雲
定價／600元

自我轉化、自我超越的修行

本書共收錄菩提比丘的五十三篇文章，這些文章顯示他如何既深又廣地弘揚佛陀超越時代的教法，不僅能簡要地闡明如何將佛法融入日常生活，又能解說繁複的教義，卻絲毫不失佛法與今日世界的相關性。內容包含了佛教的社會道德、哲學、善友之誼、聞法、輪迴、禪法、張狂的資本主義後患，以及佛教的未來。

祈禱的力量

作者／一行禪師（Thich Nhat Hanh）　譯者／施郁芬
定價／300元

熱銷15年，一行禪師揭示祈禱帶來的力量

一行禪師在書中介紹祈禱的重要。不分國界、宗教，不論情緒好壞、身在和平或戰爭之際，人們都會祈禱，就像是與生俱來的本能。祈禱滿足了我們日常的需求，對健康的渴望、事業的成功和對所愛之人的關切，這強大的力量也讓我們能專注當下，與更高的「我」緊密結合。

夢瑜伽與自然光的修習

作者／南開諾布仁波切　譯者／歌者　審校者／The VoidOne、石曉蔚
定價／320元

夢境所反映的是現實的渴望、恐懼與期待，
在夢中修習，跳脫夢境的桎梏，進而增進自己心靈上的覺知。

本書摘自南開諾布仁波切的手稿資料，強調在作夢與睡眠狀態中發展覺知的特定練習，再予以擴展與深化。在此書中，南開諾布仁波切歸納了特定的方法，用以訓練、轉化、消融、攪亂、穩固、精煉、持守和逆轉夢境；此外，他還提出了個人持續在白天和夜晚所有時刻修行的練習，包含發展幻身的修習、為開發禪觀的甚深淨光修習，以及死亡之時遷轉神識的方法。

機的杏鮑菇，這種杏鮑菇成長期要四十五天，又不會以多餘的營養成分催熟，而外面的杏鮑菇，有些只需十七天就可以出菇。有機杏鮑菇菇體緊實、甘甜，又不會因不當的營養成分，而將異味累積在菇體，產生菇腥味。所以儘管我們的三杯杏鮑菇口味不夠「三杯」，而杏鮑菇天婦羅只是簡單地沾粉油炸，抹上醬料，卻十分受歡迎。消費者就是愛這種天然的原味，因爲它們長得慢，長得紮實，如此而已。

那你是不是會好奇，是不是所有用化學營養催熟的農產品，都會有腥味？是的，事實就是如此，高麗菜如此，蔬菜如此，所有農產品盡皆如此，只是情況輕重而已，又或是你我味覺的敏感度不夠，甚至是我們已經將這些腥味當成正常的氣味。就如同我還是個在外奔波的業務時，只懂得追求自以爲的美食，舌頭已被外界的調味料麻痺了，根本不知道什麼是食物原味。所以當我聽到，有機蔬菜和慣行農法的蔬菜是吃得出來時，我十分困惑，甚至是不相信的。但當我吃了自家食堂裡七年的有機蔬菜後，現在的我幾乎無法也不敢吃外面的燙青菜，因爲那眞的有一股菜腥味。

這就是當我聽到我們的燕麥奶燕麥味不足時，我無法接受之處。優質的農產加工品，絕不會有強烈的香氣，應該說，愈是淡雅幽香的農產加工品，才愈是用料眞實。因爲除了蔥蒜等少數農產品外，大部分的植物本身無法給你太強烈的氣味，即便是剛處理時香味四溢的農產品，也會在加工的過程中，漸漸流失它們的香氣。因爲它們的香氣全部來自植物本身的精油，但精油在被加工或是接觸空氣後，一定會被高溫揮發而淡化了香氣。

這樣的案例不計其數，但當消費者被速成的農產品氣味同化後，大家都幾乎忘記或是根本不知道，自然放養以及有機慢栽的農產品，是不會有太強烈的氣味。大家在追求用化學調味料掩飾出來的「香濃好吃」之前，都應該去上一堂自然課。

土地有自然的法則，人無法勝天。違反土地、背叛自然，有一天土地與自然就會帶走這些虛幻。

別忘記土地賜予的氣味，那才是真實的。

鋤域・除以・廚餘・等於・糧食危機

廚餘，似乎是外食者共同製造的問題，而且隨著時代演進，廚餘文化似乎愈演愈烈，似乎餐桌上不多留一點殘羹剩食，就顯現不出自己富貴的身分。

當了七年的倒廚餘官，最高興的事情，就是看到客人把送上桌的餐點吃得乾乾淨淨、一絲不剩，沒有任何廚餘可以處理。然而這樣的餐盤僅佔不到二成的機率，剩下大約有六成也還算乾淨，但多多少少就是會留下一點殘羹剩飯，因爲每天都在收這樣的餐盤，也就習以爲常了。但是，最無法接受的就是整份餐點留下一半以上，甚至只扒了兩三口，其餘就全數留下。這些人用完餐，整個桌面乾乾淨淨的，餐點也近似完好如初，全數賞給廚餘桶了。

個性直接的我，再加上仗著年紀大了，當然看不慣這類荒謬，屢次出言輕斥這些不惜食的年輕人，所以常常得罪許多顧客，使他們不再上門光顧。老婆也常常規勸我：「他們有付錢就好，不要老對客人疾言厲色的，客人都被你嚇跑了。」但我這死性不改的老頭子，就是看不下去，就是忍不住這張嘮叨的嘴。

開業的第二年，一群學生大約六、七人，一起走進食堂，其中幾位是店裡的常客，常來的幾個孩子都是規規矩矩的，可今天就帶來了一個驕縱的孩子。點餐時，孩子自己沒注意就勾選了五穀飯（食堂裡的套餐可選擇五穀飯或是有機白飯），上餐後孩子來反映了：他不吃五穀飯。我連忙拿了點餐單來核對，然後告訴他廚房沒有上錯餐，是他自己點錯了，孩子堅持自己不吃五穀飯，我只好與他約定，我們的食堂出餐後就不會回收任何食物，我願意無償給他一碗有機白飯，但他必須負責將那碗五穀飯分給其他同學。他對我笑了一下，並沒有給出太明確的答案，但我還是給了他一碗有機白飯，一群人用完餐後即將離去，我趕快去整理桌面，因爲後面有其他客人在等著。但當我走近桌面，眼前看到的是那碗五穀飯完好地在桌上，更令人氣結的是，那碗有機白飯也僅被扒了二、三口，好似未被動過般。我馬上叫住那位孩子，要求他把那二碗飯打包回家，孩子只是笑著搖搖頭，一副事不關己的態度，憤怒的我立即連珠炮地嘮叨了一串：「你答應我要處理五穀飯的！還有，你已經看到我們店裡一碗飯的份量了，我答應免費補你一碗白飯時，爲什麼不告知我要減量？最後你就這樣糟蹋糧食，連自己弄出來的問題打包回家也不肯。」最後我轉向帶他來的同學，希望以後不要再帶這位同伴來食堂了。然而我的語氣似乎把這些孩子嚇著了，從此不見他們的光臨。現在想想，若事情再來一次，我還是會以這等口氣、這種態度再嘮叨一次，即便我的食堂如今已因生意不佳結束營業了。

開業的前幾年，套餐裡的三樣配菜，有二樣是固定的，而其中一樣，是我們精心挑選了迪化街天山行從日本進口，最具價值的高檔昆布「日高昆布」。每一小段我們的成本就需負擔八塊錢，原因是蔬食者很容易因缺乏鐵劑而造成貧血，所以固定給這個食材，是我們菜單設計內很大的善意。尤其是當時我們的套餐僅售一百二十元，除了一點五份的有機五色蔬菜盤、有機白飯外，這八塊錢的小菜成本，實在是我們不小的成本負擔。但爲了給消費者均衡的營養套餐，我們願意負擔這份成本。但是我們無論用任何方法告知消費者，店裡貼海報，不斷地跟客人解釋，每天我還是要丟掉一、二十份的日高昆布當廚餘，丟得我都灰心了。

讓我印象最深刻的是一位穿著襯衫的年輕人，幾乎每週都會來用餐一次，可是他每次都會留下日高昆布不吃。幾次過後我主動向這位年輕人解釋昆布的故事，希望他下次來的時候，若不想吃昆布就告訴我，我可以換成其他食材給他，然而年輕人一聽昆布的珍貴，眼睛霎時亮起來，似乎聽懂了一些什麼。又過了幾天年輕人又來了，這次我主動問他昆布要不要換成其他食材，年輕人竟然拒絕，我心想他大概知道日高昆布的營養價值，捨不得被換掉，可是當他用完餐後，那節昆布還是完好地躺在盤裡，人已經離開了。一段時間後年輕人又來了，我還是主動詢問年輕人要不要換掉昆布，年輕人還是搖一搖頭，當我還要多說一些希望他珍惜食材的話時，年輕人竟然開口表示這是他的權利，我們負責賣餐就好，至於吃不吃什麼食材，消費者自己決定，店家無權干涉。這是什麼道理？我當下立即拒絕他的消費，對於這種糟蹋食物的生意，我的容忍度就是這麼低。唉！又趕走一位客人了，理念和現實又拔河了一次。

我們對食材如此珍惜，除了因爲食堂內的每一樣食材，都是我們夫妻倆親自拜訪後精心挑選的。更因爲我們還針對蔬食者所需的營養做了很多調整，包含我們七年來店裡固定只提供味噌湯，都是爲了營養均衡而設計的。我們不計成本，當然希望消費者可以珍惜，所以每當不惜福的消費者出現時，就很容易牽動我這老頭子不捨的心情。

當然我們這種惜食的堅持，還與我們在環台拜訪小農時，深入理解台灣農業後，心裡所造成的衝擊與感受有關。其中關於台灣農耕面積的受限與老農漸漸凋零，導致台灣的糧食自給嚴重不足，更是我們珍惜食物的直接原因。

台灣的「鋤域」危機

台灣的農耕面積在一九七七年時達到巔峰，大約共九十一萬公頃，佔台灣總土地面積的四分之一。然而從這年起，台灣的農耕面積就逐年遞減，一直到二〇二〇年，台灣的農耕面積急遽減至七十九萬公頃，足足少了十二萬公頃。然而更嚴重的問題在後面，在這七十九萬公頃的耕作面積裡，被實際拿來做農業種植的耕地僅有四十二萬公頃，即便再加上養殖業的四點三萬公頃，以及畜牧業的十一點三萬公頃，整個農耕土地實際被運用的也不過五十七萬公頃。所以台灣不只面臨耕地嚴重縮減的問題，還有二十二萬公頃的土地目前正處於休耕的狀態，幾乎是農耕總面積的三分之一。

而這麼嚴重的「鋤域」問題，其實跟小農的收益過低有關。因爲農民的收益過低，導致年輕人願意投入實際農業生產的意願逐年降低，所以到了二〇一七年，台灣農友的平均年齡已高於六十歲，更有人經過雲林的農間時，直擊「千歲團」在農地裡忙和著，每個老農的年紀都在七十歲以上。而農耕土地的縮減、農業人力的老化、農業人口降至五十五萬的歷史新低，造成台灣農業自給率過低，這些問題都是台灣農業的危機。而這也是國安問題，推估在二〇四七年左右，地球人口將增至百億大關，糧食危機一定是各國政府的首要之務。

綜合上述，或許有人會記起某一次的電視新聞，農委會大肆宣揚台灣米的高品質，以及超過百分之百的自給率，希望國人多吃米食。如此說來，台灣焉有糧食危機的問題？其實這只是眞相的一部分，詳細的數據如下：

台灣農產品的自給率

稻米 百分之一百零八
蔬菜 百分之九十一
水果 百分之八十八
肉類 百分之七十八
黃豆 百分之零點零五
小麥 百分之零點零六
玉米 百分之二點五

台灣從「唯米是糧」的年代，漸漸走入「米麵共食」的飲食時代。若依照農糧署最新的統計，台灣每人每年的白米消耗量從九十公斤降至四十五公斤，而麵粉的年消耗量卻已經趨近四十公斤。但是生產麵粉的小麥，我們的自給率卻連百分之一都不足，所以台灣每年都要大量進口小麥與麵粉，以符合台灣人飲食口味上的改變。但看到以上數據，裡面還有一個隱藏性的問題，相信大家已經看到。一旦世界性的糧食危機發生，在世界各國搶糧的情況之下，台灣人可能被迫從「米麵共食」改回「唯米是糧」的習慣。而台灣目前僅百分之一零八的稻米供給率，勢必又會變成稻米自給率不足，進而演變成另一個嚴重的缺口，而這個缺口是台灣農業無法應對的窘況，更何況還有農產率嚴重不足的黃豆與玉米的問題。所以根據農委會發布的《糧食供需年報》，台灣的「糧食自給率」爲百分之三十四，換句話說，台灣的農產力只能養活三個人其中一人，比起能夠達到百分之百以上自給的法國、美國，甚或是日本與韓國的百分之四十的自給率，台灣人，你怎有糟蹋糧食的本錢？

「惜食」這個議題，已經是近年來政府與民間一直大力宣導的話題，世界人口達百億的二〇四七年，糧食危機的年代將再二十年左右就來臨了。台灣農業的議題當然端賴政府的大力輔導，但是，你我能做的事就是「惜食」，從今天起影響你認識的人，珍惜食物，點餐時請記得自己的食量，不要過度點餐。點出來的餐點一定要吃完，眞的吃不下了，「打包」也是一個好選擇。切記要給後代的孩子們留一個生存的空間，不要讓土地資源浪費在你我手裡。

因為，鋤域・除以・廚餘・等於・糧食危機。

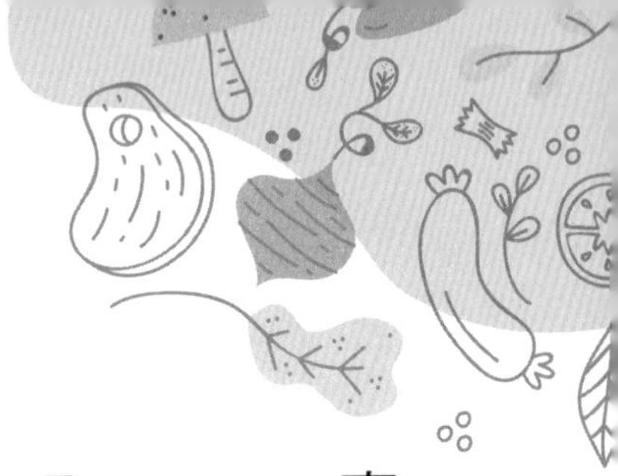

享譽世界的台灣米

「米」，食材之首。

看似簡單大家都懂的食材，可是卻隱藏最深的學問在裡面。

台灣素食堂初開業時，我們對米的採購一無所知，隨隨便便就在迪化街找一家雜糧行買該店最貴的米，因爲我們希望提供純台灣米給顧客。就這樣用了半年多，直至某一天，台中一位種米的小農透過ＦＢ來訊，爲我們介紹眞正的的台灣米，經過我們反覆詢問，才知道米原來竟有如此大的學問。於是我們足足花了三個月的時間來了解「米」，而這段時間讓我們感到無比震撼，原來這簡單的米，竟藏了這麼多商業機密。

台灣老一輩的農友以種稻爲榮，家裡的那塊地若能種稻，絕不考慮其他作物，如果實在是因爲旱地或特殊原因，才會不得已捨棄種稻。憨厚的老農們往往會大聲強調他家那塊地種出的稻米，產量有多高、品質有多好，好似除了種稻，其他的都非農友了。但曾幾何時這樣的尊榮感，居然被台灣人飲食習慣的改變，而徹底翻轉了。

農糧署調查，台灣人於二十年前，每人每年白米的消耗量達到九十六公斤的高峰，然至二〇一八年竟降至四十五點六公斤，降幅高達百分之五十二。而同一年，台灣人小麥（麵食）的年消耗量居然成長至三十六公斤，這讓農糧署開始擔心，這些年就會產生小麥超越米食的情況。台灣本土米的年產量爲一百四十五萬噸，而台灣人的白米消耗量卻僅一百二十萬噸，此情況讓農民開始改變作物種植。但是台灣的小麥九成以上都依靠進口，這對台灣農業發展產生不利的影響。還好經政府的努力，近年來白米的消耗量有慢慢止跌回升，但也要繼續呼籲台灣人多吃一點米食，支持台灣農業。

台灣米雖然供過於求，但「混米」的情況卻十分嚴重。台灣米因品質與人工成本的關係，即便是最末端的農糧署每公斤乾穀的收購價都在二十五元以上，而這些年台北市糧價交易行情，白米每公斤的均價約爲五十元。意即我們在批發商採購的每一斤台灣米的價格須在四十五元以上，他們才會有合理的利潤。

但當時台灣素食堂要求的純台灣米，袋子上也是大咧咧地印著「純西螺米」，我的採購價格居然只須每斤二十五元，所以當小農提醒我價格不合理時，我才轉向米商提出質疑。剛開始米商還不肯承認，經我不斷詢問，他們才承認這裡面都有混米的問題。當時我眞的很生氣，我以爲願意付出較高的成本就會有較好的品質，沒想到我們竟然在最基本的食材上踩到地雷。更讓我驚訝的是，事後米商向我們表示，其實台灣坊間的餐飲店絕大部分用的都是這種混米，我們食堂用的米還算高一級。自助餐廳每碗十元的飯，他們只能提供每斤十幾元的米了，而這些米大部分來自東南亞國家。因爲東南亞進口米的成本價每公斤僅需十幾元，相對於台灣本土米價差三分之二以上，爲了節省成本，創高利潤，混米就成爲米商的必然。

而東南亞國家中最受歡迎的，當然是世界白米的輸出大國——越南，越南米的成本更是符合米商的需求。寫到這裡，我相信已經有很多人開始頭皮發麻了，因爲如果越南米的來源地是北越的話，那大家就會想起越戰時，美軍爲了讓北越共軍無法藏匿在叢林裡，而大量在北越的土地上撒下「落葉劑」，目的是讓樹木無葉，使北越共軍無所遁形，利於美軍作戰攻擊。大家知道什麼是「落葉劑」嗎？就是世紀之毒「戴奥辛」，想起這種毒物對高雄二仁溪的毒害了嗎？在當時混米不須明確標示的年代裡，米商故意蒙騙消費者以獲取暴利事件中，「饗賓餐飲公司」告發「三好米總公司」的事件是最轟動的，引發消費者的恐慌及不安。因爲這個深痛的認知，讓台灣素食堂絲毫不猶豫，立即轉向小農採購純台灣米。甚至到了開業二年後，我們全面採用每公斤批發價九十五元的有機米。在這些事實的背後，你還在計較每碗飯的份量及價格時，你的店家會告訴你——

他們的米純潔嗎？
他們的米袋上標示著哪一國的米嗎？
而你想不想知道？

二〇一七年，幾家包裝米大廠相繼因產地標示不實而被告上法院後，政府也開始認知到混米的嚴重性，立法要求包裝袋上要明確標示混米的比例及來源，此後的包裝米才被納入完整的管理，米商的標示才漸趨明確化。以下就是大家在選購包裝米時，請務必注意的標示：

一、**產地**：爲了寫這篇關於米的篇幅，本人特地去逛了幾家量販店，想要更準確地知道現在包裝米的產地標示。感謝農糧署的管理，產地的標示不但清楚，連混米的比例及進口國，甚至是米種，都標示地清清楚楚。而且量販店的米九成都是純台灣米，讓我深感欣慰。當然，每個餐飲店用的米也是清楚標示，只是不知這些餐飲老闆們重視的是安心還是成本了。

二、**分級**：其實依據國家標準CNS將市售包裝米分爲三等，大家在採購時，請認明包裝上的註明。最高級的當然是「一等米」，碎米粒最少，白粉質米（米芯翻白）率最低，雜質最少，一般的包裝都會標示這些不優物質的政府規定比例。二等米次之，三等米再次之。

三、**碾製日期**：碾製日期是選購包裝米時非常重要的指標，不能只看收割期。一般米商在收購乾穀後會先放置在冷藏庫內，待通路商下單後再碾製，所以收割期與碾製期愈短的米愈新鮮，也愈能顯現米的甘甜味，口感也較爲Q彈。一般來說碾製期在二個月內是米的最佳賞味期。

「米」是台灣人的主食，各地的農改場幾乎都以改善米質爲最重要的研究，例如深受台灣人喜愛的台梗九號米就是台中農改場許志聖博士的精心之作。台灣米享譽全世界，日本人更是讚譽有加。二〇一四年在一場推廣台灣米的活動裡，主辦單位選用日本知名的北海道東川米與花蓮東豐米做PK，在相同的調理手法下，經盲測後，花蓮東豐米以極大的差距勝出，足見台灣米的品質優異程度。台灣素食堂的客人中有一位嫁給日本人，但定居在台灣的「台灣媳婦」，她就曾經跟我表示，相較於日本米，她的日本婆婆更喜歡吃台灣米，這種讚美就是台灣米的榮耀。

無論是秈米、梗米、香米，還是壽司米，米食都應該更受大家的喜愛。我們都應該多支持台灣的米農，讓種米的老農們重拾往日的尊榮。

「米」，是台灣這片土地賜予台灣人的榮耀。

基因改造食品你擔心什麼？

基因改造食品在近年來一直是食安問題中討論熱度頗高的話題。而在台灣素食堂營業的七年裡，除了「有機」議題外，被詢問最多的就是「基改食品」，所以我覺得有必要談一談這個話題。

其實「基因改造」和「核能發電」這二個爭議性的議題，有異曲同工之妙。擁核者的支持理由是「乾淨又便宜的能源」、「核電廠被過度妖魔化」；而反核者的顧慮只有一個「地球環境經不起核電廠一次性的毀滅」。基改食品的爭議亦然，擁護者認爲基改的技術可以讓農作物的產量大大提昇，使得這個已有七十億人口的地球免於飢荒危機。而反對者則認爲，依基改食品的作法，這些作物潛藏對人類健康的傷害，而這種傷害卻是極慢性的，可能需要下一代或是下二代子孫，才會顯現出傷害，然而這傷害一旦出現，則可能造成毀滅人類的不可逆後果。二派理論各無確切證據，來完整支持自己的論述，然而對我來說，一個這麼重視地球環保的我，立場就如同反核一般，堅決反對基改食品。

坊間有眾多專業討論基改食品的書籍，而我想從綠色環保餐廳的經營者，以及庶民的角度，來探討這個議題。

當然，醫學界以及醫學期刊尚無發表任何一篇學術報告，直接證明基改食品會對人體造成傷害，但事涉我們後輩子孫長遠的健康問題，我們這些借住在地球上的先居者，難道不需要爲地球的後來者，保留一片乾淨的土地與環境嗎？但也因沒有直接有利的證據來證明基改食品的疑慮，所以學術界自然分成二派：支持派與反對派。他們各自表述、毫無交集，導致台灣素食堂的消費者，只知道反對基改食品，但當我進一步問反對的理由時，他們卻總回答不出一個眞正的原因。因此我想從生活常識的角度，來切入基改食品這個議題。

自己就是「除草劑」的基改大豆

首先，我們先來探討第一代的基改作物——「大豆」（黃豆）。大豆內含豐富的植物性蛋白質，是蔬食者以及一般民眾主要的蛋白質獲取來源。當然大豆也被大量運用在植物油萃取與動物飼料的蛋白質提供，所以需求量急遽提昇，非常適合規模化的種植與生產。美國孟山都公司爲了提昇農民種植大豆的產量，及解決種植時需要大量人力去進行較細緻的農藥噴灑，以免農藥直接灑在作物上，造成作物損失，所以就將他們公司暢銷全世界的除草劑——「嘉磷塞」（台灣稱之爲「年年春」）的基因，直接植入大豆的種子裡，因此種植這些基因改造的大豆植株時，農民就無須再僱請大量人力去做細緻的除草劑噴灑，以節省種植的人力成本。當然也因爲植株本身不懼除草劑，所以在噴除草劑時就可以廣泛且大量地噴灑，以徹底杜絕雜草的孳生，大大提昇植株育成率，農民的收成亦大有增益，並提高獲利。

但是問題來了，你吃的大豆、喝的豆漿、餵養孩子的豆腐，有除草劑的基因。生命極強的野草在年年春的噴灑下無一倖存，但是你要吃的豆類食品卻絲毫無損，不怕除草劑。這些基改大豆植株已被植入除草劑的基因了，那它們是不是也是除草劑的一種？數代的培植後，這些植株會不會成爲超級野草，進而汙染其他農地，汙染你的健康？孟山都公司雖一再保證這些作物無損人類的健康，但他們卻提不出任何一篇完整的實驗室報告，來證明這些基因改造大豆的安全性。你開始擔心了嗎？

蟲子一吃就死的基改玉米

再來這種基改作物就更精彩了，「基因改造玉米」被植入「蘇力菌毒蛋白」的基因，孟山都公司說得輕鬆，說這是一種抗蟲蛋白基因，「抗蟲」這個名詞安心多了吧！但事實上是玉米的主要害蟲「玉米穗蟲」、「玉米螟」，吃了這種植入蘇力菌毒蛋白的基改玉米植株後，會穿腸破肚而死。好啦！這裡就產生二個爭議了：

第一，農藥公司一直強調，蘇力菌只會傷害蟲類，對人體無害。但是，鄉親啊！它讓蟲子腸爛肚破耶，你相信它對人體無害嗎？果不其然，近年來，連發明蘇力菌的原廠都提出蘇力菌對人體可能有害的疑慮報告。這下子事情大條了，你擔心嗎？

第二，以前使用蘇力菌是用噴灑的，經過一段時間或雨水沖刷，蘇力菌的濃度就會降低或消失。但現在是將蘇力菌的基因植入植株內，意思是，基因改造的玉米株會自己長出農藥，然後蟲子吃了就會死亡。哇！這種基改玉米你洗再多次也沒用，因爲蘇力菌已經在基改玉米的基因裡。厲害了吧！

綜合上述，我只想提醒大家一件事，當你在擔心基改大豆時，請你要用更多的心思來擔心基改玉米及基改棉籽油的問題，因爲它們都是「蘇力菌毒蛋白基因」的基改作物。

使用各種不正常基因迫害農民

「背叛者基因&終結者基因」是孟山都公司的終極武器，他們爲了保證農民每年必須按時向孟山都公司購買基改作物種子，跟農民簽了不得留種的合約。孟山都公司以專利技術爲藉口，禁止農民留基改作物的種子，隔年須繼續向該公司買種子種植。若農民偷偷留種耕作，被孟山都抓獲，則須負擔極高額的侵害專利權賠償。但基於孟山都公司的基改作物種子實在太貴，幾乎是一般種子的五倍價格，所以很多農民還是會甘冒風險，偷偷留種耕種。這時候財大氣粗的孟山都公司，仰仗著自己的基改實驗室，發展出更厲害的基因改造技術，這技術讓農民留種也無用。

爲了防止孟山都公司口中的不道德農民偷偷留種到下一季種植，所以他們就在植株裡植入所謂的「背叛者基因」，以防止農民背叛孟山都公司。而這種「背叛者基因」就是在基改作物的植株裡植入一種「體弱多病的基因」，然後再植入另一種「抗病基因」，最後再發明新的農藥，噴灑在背叛者基因的植株上，那這植株的「抗病基因」才會被啓動，否則因植株「體弱多病基因」的作用，會導致產量急遽降低。

怎麼樣？聰明的農友們，你怎麼玩得過孟山都公司？「背叛者基因」種子被植入二種基因，一種是「體弱多病」的基因，這種基因會一直存在不會消失。另一種就是「抗病基因」，這種基因可以對抗「體弱多病基因」，但是孟山都將這種基因設定成只有一個世代的生命。意即第一代「背叛者基因」種子到收成期時，這種「抗病基因」就會自動關閉，使得「體弱多病基因」不能被抗衡，那農民就要花更多的錢去向孟山都公司購買新的農藥，以開啓第二代植株的「抗病基因」。否則在「體弱多病基因」作用下，農民是不會有好收成的，這就是轟動武林的「背叛者基因」。好了，各位鄉親，現在你吃的基因改造食品的基因是體弱多病的，你再想想吧！

如果你以爲「背叛者基因」是孟山都公司的終極之作，那你就錯了，還有更厲害的「終結者基因」。這種就更直接了，就是在植株裡植入「毒蛋白基因」，然後在植株進入收成期的時候，植株就開始自殺。對！不用懷疑，就是自殺！絕不跟你廢話。意思就是，這種「終結者基因」的基改作物只能活一代，農民只能豐收一次，別想留種。因爲這些基改作物都會因釋放出「毒蛋白基因」而自殺，所以種子已無生命力，明年再乖乖地向孟山都公司以高於非基改種子五倍的價格，購買基改種子；乖乖地再當該公司的奴工，受盡剝削。但問題是，這些基改作物內含「毒蛋白基因」，它們會自殺，然後你要吃這些具有毒蛋白會自殺的基因改造食品，你是否感覺背後有股冷風颼颼襲來？

我們來整理一下：

內建除草劑基因的基改大豆。

會自己長出殺蟲劑的基改玉米。

體弱多病基因的基改作物。

會自殺的基改作物。

其實孟山都公司還有其他傑作，說出來嚇死你，僅挑這四項來闡述，是因爲這些是目前孟山都公司運用最廣泛，也是種植面積最廣的四種基改作物。最可怕的是，有許多的基改作物同時擁有上述的多項基因，而這些基改食品已被許多學者及實驗室進行多項動物性試驗，且多項實驗顯示，試驗組的老鼠體重及腦容量，都明顯小於對照組。換句話說，食用基改食品的白老鼠，個頭變小了，腦袋變笨了，生命力變弱了。甚至還有許多實驗證實，小白鼠變得更容易過敏、身體更容易發炎、致癌機率也大大提昇。然而，孟山都公司至今對這些學者及實驗唯一的反駁就是——「這僅是動物性試驗，與人體並無直接關聯。」但所有新藥的研發、新病症的發現，不都是從動物性試驗開始的嗎？

況且依孟山都公司的背景及雄厚的財力，大可以提出具公信力且服眾的實驗報告，來證實他們口中對人體無害的基改食品。但面對這項最基本的外來挑戰，孟山都公司始終只能否定反對者的質疑，而無法正面回應。

基改世界的競逐

基改食品自一九九六年第一批正式種植至今，也不過二十五年的歷史，人類尚無法證實它的絕對安全性。然而對於生命及子孫後代的生存，百分之百的安全係數不是一種基本要求嗎？但美國自老布希總統時代，一直到歐巴馬總統時代，不斷地扶植孟山都公司，而美國政府爲什麼要用國家之力，來支持如此邪惡且風評不佳的公司？甚至在這幾個美國政府時期，有數位有力人士來來回回地在美國FDA及孟山都公司間任職。最著名的就是Michael Taylor博士，他就曾任職美國農業部副局長以及孟山都公司副執行長。從這些例證中，你就可以知道美國政府與孟山都公司的勾結之深。其實，美國政府的意圖也很簡單，就是當二〇五〇年地球人口爆炸的時代來臨時，誰掌握了種子，誰就掌握世界霸權。於是，美國與中國政府就在基改的世界裡，開始競逐。

拜耳公司於二〇一六年九月，以六百六十億美元正式收購孟山都公司，這世界前二大基改食品公司的結合，喊出了漂亮的 Slogan：「爲世界快速增長的人口提供食物。」預估地球的人口數將於二〇五〇年達到百億之數，而屆時這個地球的收成將養不起這百億之眾，海洋資源也早在二〇四八年就會被人類撈捕殆盡。所以拜耳公司這個偉大的餵養百億人基改食品計畫，也好像是能讓人類免於飢荒的解決方案。

但是，從另一個角度思考，是人類對自己愈來愈奢華，愈來愈寵愛？還是地球養不起百億的人類？「換肉率」這個概念，一直在這幾年不斷被推崇及熱議。八公斤的農產品僅能餵養出一公斤的牛肉，換句話說，養殖牛隻以供人類食用的換肉率是八、豬肉是四、雞肉是二。若以平均換肉率四來計算，二〇五〇年時，人類肉品的年需求量是四點七億噸，可是人類卻要用十九億噸的農產品來換這四點七億噸的肉品。如果人類直接食用如大豆、玉米等農產品，而少吃或不吃肉品，地球怎有供養不起百億人類的問題存在？這些年紅遍世界使用大豆做成的人造肉大行其道，就是解決人類面臨糧荒的方法。

引出這段文字，只是要告訴大家少吃一點肉品，甚或是乾脆做個 Vegan 一族，那我們也不需要將子孫們置入基改食品的風險中。

最後我提供一個概念：「缺糧問題」會造成人類成長速度減緩，甚至會因搶糧引起紛爭，致使地球人口減少。

「基改食品」一旦在數十年或百年後，這些可怕的殺傷力被證實爲眞，而人類將面臨滅絕的困境，其威力將更甚於上千顆的核彈爆發。

對子孫負責的我們，焉能不愼重？

台灣的基因改造食品

在這個篇章，我想要探討一下，台灣素食堂裡關於基改食品最常被提出，也是生活上最容易混淆的問題。而有些問題我第一次聽到時，也是相當疑惑，但也感謝這些問題的挑戰，讓我去翻看許多資料，請教了營養學專家才尋獲答案。這裡我就針對一些難以釐清的觀點，來探討其眞正的答案。

問題一：其實台灣農改場做的品種改良，不就是在做基因改造的工作嗎？例如，鳳梨釋迦、台梗九號米，不就是基改後的作物嗎？

第一次被食堂的客人嗆問這個問題時，基本上我也是楞在現場，不知如何回答。而也就是這個問題，逼得我認眞看完一拖拉庫關於基改農產品的文獻。認眞理解後，更是努力思索，如何以簡單明瞭的語言告訴消費者，希望大家能一聽就明白。

農改場的品種改良，比較像民族大融合，或是日本人千年來的「度種計畫」。宋朝時代，漢人男子的平均身高約爲一百七十公分，而日本男人的平均身高卻僅有一百四十左右，所以當時日本人就將大量的日本女子帶來中國，希望與中國男人「度種」。而成功懷孕的日本女子，會立即被送回日本本土，並開始享受貴族般的生活。在日本史冊的記載中，這般的中日混血大約有二十萬人。而到了二戰期間，日本人將度種的目標轉向西方男子，有名的歌劇《蝴蝶夫人》，就是在這般的歷史背景下產生的悲劇。經過這千年漫長的度種「國策」，日本人成功地將平均身高提昇到男性一百七十四公分、女性一百五十八公分。這就是世界上最著名的品種改良政策，爲期經過千年，且不保證每個案例都成功。

相同的品種改良在農改場，可能會更加精確點，例如：鳳梨釋迦是將兩種甜度極高的水果「釋迦」與「荔枝」嫁接在一起，而成的品種；台灣最受歡迎的米種「台梗九號」，就是將壽司米及秈米混種，使得台梗九號米兼具壽司米的Q彈以及秈米的香氣。而這些成功的品種改良，最多只能說是人類在幫助上帝做物種進化的工作，這都須經過數代或是數十代的改造，且因爲較符合自然的改良模式，所以失敗率極高。但最大的優點是符合物種進化的天然定律，所以沒有副作用，如日本的度種國策般，日本人只蒙其利而未見其弊，這就是「品種改良」順應自然的優點。

基因改造就比較像整形手術了，可以將矽膠放入胸部、用化學材料墊高鼻子、用玻尿酸豐厚嘴唇。這樣強迫性手法的好處就是一定可以達到你要求的目的，於是胸部瞬間升級三個罩杯、鼻子明天就堅挺起來、嘴唇也豐厚性感了，那個美就如你的要求般絲毫不減。但其方法就是將二種完全不同性質的東西硬放在一起，於是有人馬上就過敏、發炎了。即便如很多的幸運者，短期間沒有副作用，但長久後居然潰爛、破裂，一切變得比原來的更糟、更不美麗。最慘的是，一看就知道你只是個人工美女，而產生的副作用絕對是你人生無法負擔的。

而基因改造食品就是這般，可以將二種完全不同的基因，利用實驗室的強迫方式，硬把它們結合在一起。例如，基改大豆是結合黃豆與除草劑的基因；基改玉米是與抗蟲毒蛋白做基因結合；而近年來最令人震撼的，是將蚊子植入人的基因。這些違和性的結合是過於具目的性的改造，因其侵入性很強，所以改造的成功率相對提高，但經由這種強制性手段所生產出的產品，就會有不安定性，以及未來極可能產生的危險性。而這種危險性已有無數的學者提出證據證明，基改食品有極大的可能造成人類不可逆的毀滅性傷害。

問題二：有機農作物不見得是非基改的作物，如果農民用基改種子，去進行有機的方式種植，這還算是有機農產品嗎？

當我第一次被問到這個問題，也是回答不上來，還好，我上網查閱了台灣的農業法，其明明白白地約束基改作物的認定。首先，台灣並沒有規定不能種植基改作物，但卻規定你要種植基改種子前，必須先提出申請。但台灣農民是睿智的，到目前爲止尚沒有任何人提出申請。第二條法令更清楚地界定，只要使用基改種子，無論種植的方法是使用慣行農法還是有機農法，皆不能取得有機種植認證。簡單來說，只要種植基改作物，就無法取得有機認證。

綜合以上二點法令，大家不用擔心使用基改種子而謊稱有機作物，更何況台灣目前沒有任何農民種植過基改作物。請大家安心食用台灣在地農產品，因爲這絕對沒有基改的疑慮。

問題三：將基改油品拿去烹飪有機農產品，還不是另一種汙染與毒害？基改作物做成加工品後，與非基改的加工品如何辨識？

「本產品不含基因改造成分，但為基因改造黃豆加工製成」，現在的大豆沙拉油都有如此標示語在瓶標上。語意不清到大家依舊搞不清楚，那大豆沙拉油到底是不是基改黃豆製成的。

實際上，台灣的大豆沙拉油幾乎都是基改黃豆製成，但這些精煉油或是醬油、玉米製成的果糖糖漿，都屬於高度加工產品。在其精煉或發酵的過程中，會將基改作物內的蛋白質分解成胺基酸，而使這些產品在最先進的檢驗儀中，也驗不出基改作物的蛋白質序列。但台灣政府卻比照歐盟，要求這些高度加工的產品一旦使用基改原料，仍然必須標示清楚。所以這些廠商就含糊其詞地寫下這段「本產品不含基因改造成分，但為基因改造黃豆加工製成」的混淆式標語。而其實這些產品，就是基改作物製造而成的。

這也是近年來我家裡拒用大豆沙拉油、芥花油的原因。還有因爲基改玉米製成的果糖因素，導致我也不喜歡手搖飲料。而我家也只用有機黑豆釀造的醬油，就是陳源和醬油。因爲我也不想要家裡食用的有機蔬菜被基改油品汙染了。

問題四：台灣核准哪些基改作物進口？它們分別做成哪些加工食品？

台灣農業還有一個不利因素，導致農友們即便想種植基改作物，也無利可圖。那就是台灣的耕作土地面積狹小且零碎，並不符合基改作物動輒上千公頃的經濟耕作面積。基改作物爲什麼要將除草劑及殺蟲劑的基因植入作物裡，爲的就是節省人力，農民不需親自除草，不需人工噴灑農藥，可以直接用大型農具播種及直升機噴灑農藥，以便達到規模產能，也才可以有巨額的獲利空間。但台灣的農耕面積並不符合如此的種植條件，這是台灣農耕條件的不足，也是基改作物不會也無法在台灣耕作的天然屏障，眞可謂是塞翁失馬焉知非福。所以如果大家不想誤食到基改作物，那就選擇吃台灣本土的農產品，愛台灣又保健康。

那台灣到底准許哪些基改作物的進口？答案是至二〇二〇年止，台灣僅核准黃豆、玉米、油菜、棉花及甜菜等五種基改作物進口。其中黃豆的使用是一般人眾所周知的，也較熟悉基改黃豆的運用範圍。所以我先來談幾樣大家較不熟悉，但運用範圍卻十分廣泛的基改作物加工產品。

玉米，事實上所有的玉米粒罐頭要找到標示為基改玉米的，還很難找到，那麼基改玉米都變身成什麼產品了？果糖糖漿，手搖飲裡大量使用的糖品；每一種加工食品裡很常見的添加物「玉米澱粉」；當然還有很大一部分被添加進動物飼料裡，還有玉米油也貢獻了一小部分。

棉花，你如果認為棉花只是單純用來做棉布，那就太小看商人的企圖心了。「棉籽油」是市售的加工食品很常使用的廉價油品，用來降低及管控成本，你如果看到加工食品裡標示著棉籽油，那幾乎都是基改棉籽精煉出來的。更多的棉籽油被調入混合油品裡，也就是市場上所謂的「調和油」，當你想要購買調和油時，請務必注意標示，看仔細這款油是否使用了棉籽油。或者你可以盡量使用單一油品，比較不用擔心誤觸地雷。

油菜，這是什麼農作物？我們有這麼多油菜，那油菜有基改的經濟價値嗎？若說起油菜一般在市場的稱呼，你可能就會恍然大悟它的用途，也就是「芥菜」。對的，就是「芥花油」，也稱爲「菜籽油」。市場上除了有少數品牌宣稱用澳洲非基改油菜製作的芥花油外，你可以在購買相關油品時，多看一下標示，大多數的芥花油（菜籽油）都是來自基改的油菜。

甜菜，規模化種植的基改甜菜，它們的主要市場也不是餐桌上的用途。這些基改甜菜和基改玉米相同，絕大部分都是用來精煉成高果糖糖漿。這也是這些年我一直對年輕人宣導，戒掉手搖「癮」的另一個主要原因。當你擔心會吃到基改豆腐、喝到基改豆漿時，請你就要相對擔心喝到基改果糖糖漿的手搖飲。

台灣准許進口之基改作物及相關產品表

基改作物	低度加工品	高度加工品
基改大豆	所有豆製品，尤應注意散裝豆製品	大豆沙拉油，大豆蛋白粉
基改玉米	玉米罐頭	果糖糖漿，玉米澱粉，玉米油
基改棉花	無	棉籽油
基改油菜	無	芥花油（菜籽油）
基改甜菜	無	高果糖糖漿

*以上基改作物之高度加工品殘粕大部分都會流入動物飼料產業內。

基改食品對人類健康的影響目前雖尚無明確的病例被證實，但相關的動物實驗、對動物健康不利的報告，卻在近幾年一篇篇登上國際知名期刊。我們比較擔心的是基改食品和核電廠一樣，一旦發生變故，就是人類無法承擔的毀滅性傷害。而且若是在數個世代後，基改作物的黑影才開始反撲，那將會帶給子孫不可逆的病害。另一方面，大家要感謝台灣政府對於基改食品的管制，以及要求基改食品的標示細緻度，台灣與歐盟都屬於同一嚴格的等級，可謂是最高的安全級數。與此同時，國人也應更仔細維護自己「食的安全」。

4

在台灣的角落裡

每次寫到這些動人的故事，總會回想起拜訪他們時，這些執拗的小人物們顯露出的表情，和靦腆且自認平凡的語調。那些無數次衝擊著記憶的憨厚，讓我們夫妻倆總忍不住情緒波動，因爲我們兩人聽得瞠目結舌的感動故事，在他們的語氣裡總是如此平鋪直敘，總認爲那就只是日常工作而已，沒什麼大不了的。

在這十一篇故事裡，尤其要提到「只會種金針菇的有機小農」、「大池豆皮」、「意外的旅程——老兵山蘇觀光農場」和「鹿港阿義手工麵線」。這四位自認爲小人物的達人，對於金針菇、山蘇、豆包及手工麵線各有自己的執念，他們認爲只要將產品做到最好就是自己的人生目的，至於要如何將產品廣泛地行銷到消費者手裡，是他們不願意也無法多花時間思考的。他們總以爲專心做出最好的產品，自然就會有人欣賞，所以他們每天就只知道做著，卻總是忽略自己值得更好的耕作利益。而我在聽他們講述的過程中，總自以爲是地替他們覺得不值，不斷替他們緊張，恨不得將自己三十年的業務經驗傾囊相授給他們，但他們四人的反饋居然都是：「我們覺得夠了！」生活夠了，人生夠了，社會給的回饋也夠了，他們的心覺得滿了！只有我這庸俗的業務人替他們不平，現在回想起來都爲當時的我感到可笑，因爲「不夠」的是我。

而其餘的七篇，是尙具經營規模的小型企業，但無論是杏鮑菇、牛蒡還是素肉塊，他們各自在小規模的市場裡做到獨一無二。他們各自帶著光環，各自成爲自己小領域的領頭羊，但依然本著初衷繼續進化，沒有因爲外界給予的掌聲而自滿，繼續著自己賦予自己的任務，且更頑強地前進。近年來，還持續在各個媒體努力曝光，表示他們還堅持著本心，將他們擁有的小眾市場做到最大化，甚至擴張到海外。就像二千年前的絲路，那條用毅力與堅持走出來的路。每寫完一篇故事，我自己都會深受感動，因爲都是靠著自己雙腳走出來的故事。而每一個故事，都在台灣的每個角落美麗並沉默地進行著。期待大家都能在這片土地找到你想要的美麗故事，或是讓我們爲這些土地的施肥者鼓掌吧！土地，因爲他們而美麗了。

大池豆皮

本書中不斷提到，開店之初與老婆環台二圈半，就爲了尋找那藏在台灣各個角落的優質食材。這前後耗資十萬元的旅程，有些驚豔，但更多的是抱憾。

食堂開業後第一次接受電視訪問，美麗的主持人不經意地提問：「在你們環台的故事中，最讓你難忘的廠商是哪一個？」我的直覺答案就是：「台東池上的大池豆皮。」

這是一個自以爲了不起，卻被狠狠教訓的故事。

「我們要開一家餐館，想要批購你們的豆包。」這種帶著錢上門採購的優越感，從我這個曾任GMP保健食品廠高階主管的口中迸出來，當然是氣勢非凡。

「沒有啦！」從另一個房間傳出的答案，居然如此果決與不屑，瞬間潑出一盆冷水，硬生生澆熄了我驕傲的氣焰。

在網路搜尋到大池豆皮店時，並沒有特別在意，因爲我們夫妻倆昨晚剛從屏東萬巒過來，幾乎就已經決定和萬巒的「阿德妹豆包」合作。風塵僕僕地再來到台東池上，僅是路過行程而已，並沒有特別上心。夫妻倆還回味著昨晚二度蜜月的知本溫泉行程，哪知道一早來到池上，竟會得到如此冷漠的回應。然而業務性格的我，馬上循聲進到他們的工作坊，看到彎著身軀正在專注做豆皮的曾金木老闆，當年目測他的年紀應該已經超過六十五歲了，但是工作現場的他，那份對待手中豆皮的認眞，讓我隱隱感覺到這裡面一定有動人的故事。

曾老闆當完兵後，就隨著父親從苗栗搬來台東池上，一開始就選定在這個鄉下地方的外圍區域，做起豆皮生意。在當時連導航都會帶錯位置的地方，父親當起老闆，他們夫妻二人就每天待在近五十度的高溫裡做著豆皮，相較前一天我們在屏東看到的豆皮廠規模，這裡幾乎就只是個小型家庭工廠。老闆娘是帶著笑意、比較願意溝通的樸實鄉下人，微笑地向我們解釋，他們就是個小型工廠，自製自銷尚可應付，沒有多餘的產能可以批售給其他店家。而且他們堅持古法，用柴火熬煮豆汁，不像大型工廠燒著便利瓦斯，再僱用些勞工，產能自然可以大量提昇。但他們並沒有太多規畫，靠著豆包賣賣早餐，將孩子也養大了，沒有過多想法。況且對於每片豆包的起鍋時間掌握，曾老闆又有極大的堅持，他不認爲這是一般工人可以掌握的，那些許的差距，就會讓豆包的口感產生極大差異。聽到這裡的我，倏地對這個豆包產生極大的敬畏之心，心裡正盤算著如何說服偏執的曾老闆，能因爲我們增加產能，讓我們的食堂擁有這個具有故事性的食材。然而我的話還沒出口，曾老闆便表達了「送客」之言，正在尷尬之際，笑著的老闆娘反而招呼我們，嘗嘗他們家的豆包早餐。

這是何等遺憾，但心想既然來了，總不能入寶山空手而回，只好改要求內用。心裡想著，這份豆包到底有什麼特殊，能讓曾老闆堅持幾近半世紀的人生歲月？二盤豆皮、二杯無糖豆漿，我們夫妻二人看著眼前不起眼的食材，心裡正質疑著，但是才一入口，我們終於知道老闆的用心。堅持柴火烘煮豆汁，純手工製作，讓豆包呈現原味；淡淡的煙燻香氣，更烘出豆包的香醇；再喝一口無糖豆漿，你就知道曾老闆那塊極具特色的「大池豆皮」招牌，已經隱隱閃著金光。

在這宜人的東部小鎮，一份堅持，一生無爭，成就一塊豆包。誰也不知道一個苗栗剛退伍的年輕人，爲什麼當年會選擇來到台東？又爲什麼落腳在池上？又爲什麼堅持柴燒的古法，而無法量產地做著豆包？但這一切都因曾老闆的寡言而未獲解答，但現場的氛圍明確地告訴我，曾老闆堅持下來了，眞的成就一塊煙燻的古法豆包。那是美景，台灣的美。

從這裡離開時，我似乎領略到一點道理。其實在我漫長的職涯裡，我早就知道一個道理了——「賣貨的徒弟，買貨的師父」，不要以為有錢買點貨，就可以四處稱大爺，眞遇上好貨，賣家的姿態也是可以很高的。這是我業務生涯的深刻體驗，怎奈我剛踏進這家毫不起眼的小小豆皮工坊時，心裡那份不經意的自傲感，居然就不堪地不自覺顯露。當曾老闆那盆冷水狠狠澆下來時，內心一瞬間還飄過些許不悅，但當我與曾老闆深聊後，才羞赧地發覺自己的傲慢。原來曾老闆是樸實的，每一次的表達都僅用簡單幾個字。他並不想做批發生意，只想每天做一些豆包當早餐銷售，或零賣給附近的街坊鄰居。他怕的是，為了做批發生意而必須大批量產時，會影響到產品品質。所以他寧願少做點生意，也不願傷害品質，這就是質樸，這就是敦厚，也是最至高的執著。你遇過這種堅持嗎？曾老闆用這份心告訴你：「錢夠用就好，信譽是無價至寶。」

好久沒去台東了，那是老婆最愛的他鄉，於是我常常上網關心一下。食堂結束營業後，總想再開著車，與老婆再來一趟環島之旅。台東池上的金城武樹似乎是近年來的新景點，於是點開這個景點搜尋，意外地看到一家名店的連結，原來大池豆皮店就在旁邊，而且他已經是個排隊名店了。一堆人總在網路扼腕地哀嘆著：「今天又晚到了，沒吃到大池的豆包。」再看看那一張張排著隊等著吃豆包的照片，再回頭想想九年前那豆皮工坊院子裡的寧靜，只有我們夫妻二人閒情逸致地享受著那份煙燻、那份紮實的口感，想著想著我的嘴角就上揚了。滿足！美麗！

有空來池上，一定要來吃一份豆包早餐，享受一下當年我的食堂缺失這片豆包的遺憾！

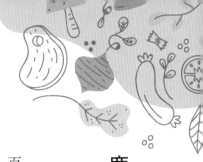

鹿港阿義手工麵線

百年，傳承三代，堅持手工，日曬風乾，這些都只是爲了敬天祭祖的純手工麵線。

台灣素食堂內湖店開張已將近半年，但生意一直沒有起色，在即將來臨的冬天裡，開始規畫著一碗暖暖的麻油薑麵線，希望能在低迷的氛圍中，創造一些冬天的商機。於是一份安心、天然、好吃的麵線，變成那個夏末季節的工作重點，然而在一次次的搜尋中，卻又一次次地失望，新北、金門、高雄、嘉義、台南、新竹、宜蘭……我幾乎將台灣搜尋了一圈。先是打電話詢問，覺得合適的再要求寄樣試吃，但我們始終未能找到一家全部條件都符合需求的純手工麵線，於是乾脆請店內的主顧幫忙推薦，但也毫無進展。

但老天總會在你需要的時候安排一位天使出現。就在一天的午餐時段，我又與客人探詢純手工麵線的時候，坐在角落的陌生大姊搭話了。原來這位大姊從鹿港嫁來台北四十幾年了，卻從不吃台北的麵線，她說：「麵線就是要手工一根根拉出來，每天現做，而拉出的麵線一定要靠海風風乾、三合院的艷陽曝曬，讓麵線吸飽風的勁道、陽光的能量，吃進嘴裡的麵線才會散發麵香，以及口口彈牙。」那位大姊將鹿港麵線形容得十分極致，讓在場的每個人都恨不得馬上就能吃上一口。我當然也迫不及待地請大姊推薦一下，熱心的大姊立即打開手機，向我要了紙筆，上面寫著「鹿港阿義麵線」。

在一個晴朗的天氣，我們出發了，目的地是彰化福興的阿義麵線。行前的電話約訪中，就明顯感受到電話的那頭是個老實人，對我們的拜訪要求沒有任何排斥，但也沒有熱情招呼，質樸的鄉下人只是簡單、誠摯地歡迎我們到訪。這種氛圍在我無數的約訪經驗中，代表著一種開放、沒有商業機密的表現，相信我們將會不虛此行。

我們的車子來到一座三合院前，若不是庭前的門上掛著一個簡陋的看板，上面寫著「阿義手工麵線麵茶」，你怎會知道這裡藏著一位台灣手工麵線傳承三代的達人？走進三合院內，阿義麵線第三代的傳人——林正義，正在一個五坪大小的房間內，費勁地拉著一串串手工麵線。他一邊拉著，一邊向我們解說手工麵線的製作流程，爲了製作手工麵線，他每天必須起個大早製作麵糰，然後靜待「醒麵」，到了中午時間，他就一個人關在這拉麵線房裡，一個人默默地拉著麵線。在我們看來，這是沒有效率的生產流程，工業管理科系畢業的我，多少對於生產流程設計有概略認識，再回憶起剛退伍時，在照相機三腳架工廠服務數年的經驗，回頭看眼前阿義的工作流程，我深知這是不符合生產效率的工作模式。但阿義卻振振有詞地說，從小看阿公及爸爸就是這樣做的，做出來要供奉給鹿港媽祖的麵線，豈能隨便亂做？一切都要照著步驟來，這樣做出來的麵線，供奉在供桌上才不會對媽祖不敬；吃到信徒的嘴裡，才會暖心又暖胃，這就是阿義一家三代固執的堅持。

我心裡有點不捨地問：「那你一天能有多少產量？」阿義居然淡淡表示，這間只有夫妻二人在做的小小純手工麵線廠，一天就是二袋麵粉的產能，多了他們也做不出來。此時我的下巴已經驚訝地掉下來，若依此推斷，阿義每天起早貪黑辛苦地拉著麵線，就算全部都完售，一天最多的收入也不過五千元左右，這還要扣除麵粉、鹽等材料成本，每個月還要扣除下雨天等無法作業的時間，這位具有高度榮耀的百年手工麵線第三代傳人的收入，少得令人心疼。問他爲什麼不找兩、三個徒弟來幫忙，一方面讓百年手藝傳承下去，一方面還可以增加收入，但老實的阿義只說：「做袂著啦（做不住）！每天工時這麼長的體力活，收入又這麼少，以前收過好幾個徒弟，每個人幾乎都不到三個月就離開了。」於是最後還是只有夫妻二人在做了。而我們在現場繞了二個多小時，對於整個工廠的觀察，事實印證也就是如此。

了解產品先從成分開始，這是擁有數十年保健食品經驗的我，對安心食品審核累積出來的標準。阿義做的麵線只有三種成分「麵粉、鹽、水」，在沒有防腐劑，散裝出貨的情況下，要如何保存呢？這時候就要利用鹿港鎮強勁的海風，以及彰化常年溫煦的陽光。阿義每天要在中午一點以前，將拉好的麵線鋪置在三合院的內埕中，享受午後的海風及陽光，直到麵線濕度降至二十度以內，這樣的麵線最具口感，也最安心，且不能有任何不好的添加。「要做給媽祖吃的，袂賽黑白做（不能隨便做）。」阿義隨口一句，表現出他接下阿公、爸爸的傳承，絕不能辱了門風的堅持。而我剛進門時一副工業管理出身的姿態與口吻，對比這種百年堅持，完全就是一種可笑的無知。

回台北的路上，我和夥伴持續聊著「鹿港阿義手工麵線」。這種完全純手工的麵線，在台灣幾乎已成絕響。算一算，他的難處也確實如此，純手工、產量有限又得看天吃飯，難怪阿義無法順利請到員工，因爲每一個員工的薪資都會成爲極大的負擔。可是百年老店的第三代傳人已年近六旬，如果有一天他做不動了，這項技藝將如何延續給後世子孫？在與阿義的談話中，他只是淡淡地表示就盡量做，做不下去就收了。然而，他的灑脫卻是我們兩人心中的牽掛，眞的嗎？就要這樣捨棄一個台灣人的百年傳承嗎？

其實在台灣有許多這樣的技藝，一直面臨後繼無人的困境，每一個年邁的達人放下手上的工具後，就出現斷層的危機。不只是純手工麵線，打鐵店、手工魚丸、台南老紅茶……哪一項不是迫在眉睫的危機？

阿義啊！如果你放下了，還有鹿港麵線可供奉媽祖嗎？

穿龍豆腐坊

每一個好食材都有幾近瘋狂的執著在裡面，而在這些堅持裡，最讓我佩服的就是「穿龍豆腐」了。

陳淑慧，擁有非常菜市場名的女孩，卻有著非常不普通的堅持。她的堅持同時跨越好幾個領域，堅持「台灣有機黃豆」、堅持「台灣鹽滷」、堅持「穿龍圳的水」、堅持「圳上那間即將傾圮的百年老屋」、堅持「苗栗公館的沒落老街」，這些看似不相關的元素全都是她的堅持，她堅持一定要把這些元素組合起來，才願意做一塊「台灣老味道的板豆腐」。而這麼多的堅持，卻把這塊豆腐做成了台灣的唯一。

這是台灣素食堂夥伴發掘的傳奇。第一次想要拜訪淑慧，是在訪完鹿港阿義麵線的回程，就在我們已經下了苗栗公館交流道後，夥伴上網查了一下，發現剛好是他們的週休日，其實那時因爲已近晚餐開店時間，我急著想回食堂，所以對於不用耽誤回台北的時間，確實放心不少。回想起來，其實那時我們的「藤原油豆腐」本就是店內極受歡迎的招牌，所以對於再增加一項豆腐產品，並沒有那麼迫切與在意。

第二次拜訪，是因爲淑慧帶領「穿龍豆腐」的夥伴，在羅斯福路健保局後的市集，擺了一個攤位。我和夥伴在午休時間專程過去，那是我第一次見到淑慧本人，唯因攤位人潮多，大家沒做太多交流。但我卻聽到了幾個令人心動的堅持。當初爲了成立穿龍豆腐坊，淑慧去找小農契作有機黃豆，光這點就讓我佩服這個女孩的勇氣，在連一塊豆腐都還沒有賣出去的情況，她就已經跟小農談契作了，談的還是台灣本土種的有機黃豆，夠嗆！等等，別急，更嗆的還在後頭呢！她堅持用台灣本土的鹽滷來製作豆腐，大家會覺得就是鹽滷嘛！台灣鹽滷有什麼了不起？其實光這二點已經使我非常感動了。我自己將店名簡稱為「台灣素食堂」，然而小店最初起的名字，以及我們在商業局登記的店名是「食在地台灣素食堂」，意思是我們希望提供給消費者台灣在地的有機和優質食材，而淑慧這二項堅持不就完全符合台灣素食堂成立的初心嘛！這叫我怎能不跟穿龍豆腐合作呢？

開始起飛的台灣有機黃豆

不論其他，僅憑淑慧對台灣食材的堅持，就令人感佩。我們先來談談台灣本土黃豆，大家都知道我開的是蔬食食堂，在我們夫妻堅持不用素料的情況下，豆腐製品就變成食堂內提供優質蛋白質的重要食材。所以我們夫妻二人看過的豆腐廠，已經不下十座了，其中包括堅持非基改黃豆，及顧及衛生因素而將木模改成鋼板模的新莊名豐豆腐廠；藏在山谷中做出有機豆腐，讓人千里朝聖的桃園傳貴豆腐廠；一位將藥師執照壓在箱底，遠赴花蓮做有機豆腐的味萬田豆腐廠。還有許多無法細數的豆製品廠，這些都是令人感佩的前輩，然而我爲什麼要特別推薦淑慧的穿龍豆腐坊，就是佩服於她對「台灣」的堅持。在走訪那麼多的豆腐廠裡，非基改黃豆製品只是基本款，有機黃豆、不用消泡劑，各式的堅持與理想，都是善念極深的。但是，淑慧的發願卻超過我的想像。

二〇一二年，台灣本土黃豆種植面積僅八百公頃，年產量一千五百公噸（當年台灣進口黃豆總量爲二百六十二萬噸，台灣本土黃豆的產量僅佔不到萬分之六），在那個台灣黃豆被無視的年代裡，她就從這個最難的地方開始，用台灣黃豆做豆腐。與台南的有機黃豆小農契作，用穿龍豆腐坊的豆腐作爲起點，努力推廣台灣本土有機黃豆。到了二〇一八年，在她努力不懈地推廣下，台灣黃豆漸漸受到國人的喜愛及青睞，種植面積擴大到三千公頃，本土黃豆的產量增加至四千四百公噸，幾乎都是三倍以上的成長。現在大家看到市場上，有多達數十個舉著台灣本土黃豆的豆製品專賣店，幾乎都是受到淑慧直接或間接地啓發而成立的，你就知道她的執著有多深了。

堅持使用台灣在地鹽滷

再來我們談「鹽滷」，我今年六十歲了，然而我對鹽滷的記憶已經非常模糊，只要談到豆腐製作幾乎只想到「石膏」，更何況是淑慧這年紀的姑娘。但她卻堅持一定要用鹽滷來做穿龍豆腐的凝固劑，相較於石膏，鹽滷製作豆腐的失敗率提高許多，師傅必須要有更多的耐心，與更細心的準確度，才能做出一板道地的鹽滷豆腐。淑慧請求一位製作鹽滷豆腐的老師傅，再拜託自己的表弟貼身在旁學習，到底經過多少次的失敗？我也沒細究，但光用想的，就知道這是一條艱辛的路。更何況她還是堅持用台灣本土的鹽滷，一桶三千八百西西的台產鹽滷，價格四萬多元，是日本鹽滷粉的十倍價格，更何況還有其他價格更低廉的國家。但是她就是愛台灣，因爲只有百分之百的台灣元素，才能做出那塊阿嬤滋味的老豆腐。而這個滋味順利取代原本的油豆腐，成爲台灣素食堂的新豆腐招牌套餐，而我們的處理也非常簡單，就是放在蒸籠裡蒸熱，再淋上陳源和醬油，這樣就吸引了一群主顧，進來食堂就是爲了吃一口穿龍豆腐的懷舊台灣味。幾年過後，我忽然在電視上看到一家豆腐大廠，打起台灣本土有機黃豆加上鹽滷元素的豆腐廣告。看著電視廣告，心裡暗暗地爲淑慧喝采，這份爲台灣善的堅持，那份念力眞的如此強大。但是，這豆腐大廠哪知道穿龍豆腐的底蘊何止於此。

深度拜訪「穿龍豆腐坊」

終於，我們再度踏上拜訪「穿龍豆腐坊」的旅途，這次是大家約定好時間，淑慧早就在公館的豆腐坊裡等著我們的到訪。那眞的是一條荒廢的老街，還沒有走進坊裡，淑慧就把我們引到水流湍急的穿龍圳旁，娓娓地介紹：「這是一條建造於一八四〇年的灌溉用渠道，客家耆老們為了自己部落位於苗栗公館的農田，跨區引入大甲溪的水源至此，建渠年代已經有一百八十年，深具歷史意義。但倒也不是因為水質怎樣的特別因素，我就是想將這奔流了一百八十年歷史的水，拿來做古早味的板豆腐，應該會更有阿嬤的味道。」踏進古宅前，看見門口一塊黑板寫著一千三百多天（正確的日子已然忘記，不過至今已經將近三千個日子了），淑慧說這是他們豆腐坊開工至今的營業天數，他們每天更改黑板上的營業天數，只是在鼓勵自己及夥伴們為台灣黃豆努力的期程。

進了屋內，她還來不及為我們介紹穿龍豆腐的製作，就急著指著屋簷上的樑柱有多麼斑駁，在裝潢時他們如何努力地將這些歷史保留下來。當我問她這與豆腐有何關係時，她還沉溺在自己對歷史保存的思維中，更遑論後來她又將豆腐坊對面的古屋，改建成具有阿公時代氛圍的雜貨店。她因歷史、古屋而瘋狂，她就是要將歷史灌入穿龍豆腐裡，眞是令人好奇的姑娘。

終於她開始介紹穿龍豆腐坊的豆腐，首先，她先爲我們準備一碗台灣本土黃豆和著穿龍圳的水做出的豆花，然後她問我們願不願意吃一碗不加糖水的豆花，嘗一嘗台灣本土黃豆的自然甘甜，我們當然是一口應允。時隔五年，我現在還記得那碗豆花，黃豆的濃醇與細細的甘甜，這怎是小時候的味道？這根本是百年的風韻，在舌尖裡勾出喜悅，沒有糖水卻蜜入記憶裡。讀植物系的淑慧說著：「這就是本土黃豆，任何植物都一樣，在一塊土地裡被翻種了上百代，淬洗了上百年，植物就會和土地自然契合，而發展出本土農產品特有的味道，而這種品種就被稱爲『台灣原生種』了。所以台灣原生種黃豆，加入台灣百年古圳的水，再用台灣海峽的海水精粹的鹽滷，凝結出的一碗豆花，糖水就變得多餘了。」豆花尚且如此，那穿龍豆腐的招牌板豆腐，怎不令你嚮往？當下我就和夥伴達成共識，將食堂的人氣商品「藤原油豆腐」下架，只爲了給「穿龍豆腐」一個完整的舞台。雖然在現場和淑慧討論到價格時，心中眞的無比糾結，那幾乎是倒貼的價格，但面對著我們心中的「台灣豆腐」，「無條件的支持」才符合我們雙方「台灣、在地、有機」的共識。

當我和夥伴正爲淑慧對台灣黃豆的熱情訝異時，她的腦袋還在運轉著，她一下子又把我們帶到另一個廢棄的舊工廠裡（很抱歉！我已經忘記是在造橋還是銅鑼了），她想要在這裡做一間台灣本土黃豆的觀光豆腐廠，教導民眾認識日據時代，台灣本土黃豆的興盛史。那時台灣的黃豆是自給自足的，絕不像現在被進口黃豆的價格打敗，而連百分之一的市佔率都不足的窘境。淑慧更進一步計畫，要在每個週末的晚上辦場星光晚會，聚集人潮，教育民眾每週要喝五天的本土黃豆豆漿。她說：「只要有十萬個台灣人響應，台灣就可以馬上復耕一千公頃的土地，來種植台灣本土黃豆。」當時我們還讚嘆著她的天馬行空，但在第二年，她就眞的聯合起有著一同志向的餐飲業者，開啓了「台灣豆陣線」。於是這樣的精神開始在台灣各地蔓延開來，我們開始看到許多精緻的台灣黃豆豆腐連鎖店，在各地如雨後春筍般地一家家冒了出來。正應著那句「德不孤，必有鄰」。

陳淑慧，一位個頭嬌小的台北女孩，帶著家人去苗栗買地墾荒，連年邁的父母都一起在農場裡養雞了。然而她的腦袋還在轉，爲了台灣的本土農業，她從未停歇過。

下次經過苗栗交流道時，記得下交流道後再開個十分鐘，就可以到達那條被淑慧重新帶起的公館老街。吃碗豆花，帶幾盒台灣本土黃豆做的板豆腐再回家吧！你絕對會不虛此行。

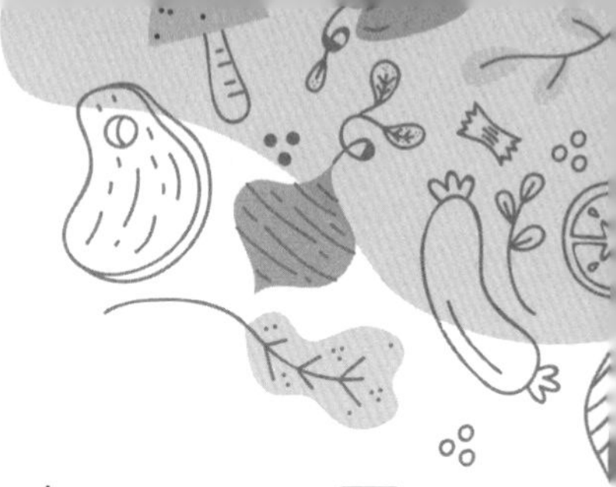

它的洗澡水比你喝的礦泉水還乾淨。

不簡單的杏鮑菇

當初爲了找到好食材，翻遍所有網站，有一天忽然在螢幕上跳出「蕈優農場」有機杏鮑菇，這個網頁徹底吸引了我的注意力。前後翻閱數十篇關於蕈優農場的報導及評論，才發現這眞是一家極其用心的養菇公司，這當然是我們食材之旅中重要的拜訪點。

拜訪中台灣的第一站，我們就來到「魔菇世界」，一個蕈優農場開的展售場館。因爲事前有聯絡，菇場特別派出專業解說員爲我們介紹，而從這些解說中，我們徹底驚訝於有機菇場竟有如此高深的學問。

蕈優菇場栽培的是「免洗菇」。因爲菇類經過清洗，反而會降低菇體本身的營養與風味，所以生產出來的杏鮑菇，一定要乾淨到可以免洗直接入鍋的境地。蕈優董事長方世文提醒消費者：「蕈優的菇絕對不要用自來水浸泡。」因爲菇的表面有很多絨毛，下方有菌摺，這些都會吸附自來水中的氯或雜質，不僅影響口感與風味，對健康也不好。因爲這個因素，所以整個團隊就必須爲這個理念，啓動整場的力量，貫穿無數個環節，就是要讓消費者將杏鮑菇帶回家後，直接下刀入鍋烹煮，無須有多餘的清洗動作，但卻可以保障消費者的食用心安感。

「太空包」的製作與潛在威脅

爲了這個「免洗」目標，首先就必須談到太空包。「堆積」，太空包主要成分爲百分之九十五天然木屑，添加米糠、玉米粉、麥粉等五穀類有機混合物，定期灌溉，讓木屑如同泥土般儲蓄養分，以提供往後杏鮑菇成長的自然養料。「殺菌」，這道手續極爲重要，避免在這段期間孳生無益菇類生長的細菌或雜菌類，關係到往後培育出菇眞菌與否，高溫殺菌處理後，成爲中性培養土。以上是太空包的製作模式，但有機菇類的太空包又需更進一步注意到木屑的來源，讓太空包裡的每一個材料都可以溯源。這是很重要的概念，在太空包發展初期，甚至有不肖商人將工地的廢棄木材粉碎，加入太空包中。而因爲這些木材都是建築廢棄物，難免夾雜一些建築廢料，例如水泥、熱熔劑、化學黏著劑……等等，透過菇體傷害食用者的身體。

但這不是最可怕的情況，有極度黑心的商人，從越南進口在越戰期間受美軍噴灑落葉劑的汙染木料，裡面充斥著世紀之毒「戴奧辛」，大家可想而知，其對身體健康的殺傷力更甚於建築廢棄木柴的數十倍。再加上這些廢棄或受汙染的木柴營養成分不高，於是商人們爲省時省力，就在這些瑕疵品太空包裡加入不當的化學成分，以利菇類的成長。而這樣一連串不當的操作，豈不是更加傷害人體？談到這裡，許多消費者就會撈出記憶中許多對太空包質疑的報導，但就是不清楚到底問題出在哪裡？現在你就知道太空包原料的溯源重要性。

最好的水質及環境

杏鮑菇是所有菇類裡擁有最大海綿體的菇類，換句話說，杏鮑菇的吸水力極強，在所有菇類中含水量也是最高的。加上要做到「免洗菇」的顧客承諾，在孕育杏鮑菇的期間，給水的水質就變成極其重要的因素，若長期隨意給予成長時的杏鮑菇含雜質的水，則水中的化學物質或是不良成分，就會被杏鮑菇強大的吸水能力帶入菇體，進而沉積大量的不良物質，這樣培育出來的杏鮑菇除了不能達到「免洗菇」的境界，菇體本身也會含有過多化學物質，導致品質下降，甚至損壞人體。所以蕈優農場每天灌溉用的純水都是經過特殊處理，這樣的水質才會孕育出健康有機的杏鮑菇。向我們解說這段蕈優農場用心的故事時，接待人員還自豪又打趣地說：「我們杏鮑菇的洗澡水，比你喝的礦泉水還乾淨呢！」

最後還必須注意，也是最重要的因素，就是養菇的環境。如前所言，杏鮑菇就像海綿體，不只能吸收水中的物質，更容易吸附空氣中的氣味、雜質。由於杏鮑菇具有高吸附性，所以附近只要有人噴農藥，就自然會吸附農藥。以前，杏鮑菇的生產過程難免會使用殺菌劑及清潔劑等，但蕈優農場一直尋覓對人體無害的殺菌劑，然而試過多種殺菌資材、經過多次檢驗測試，都不能確保安全無虞。再者，從傳統的菇類栽培經驗中，蕈優農場發現有些生產問題不斷重複發生；不穩定的氣候一直困擾農民；自己及員工都愛吃菇，健康食材如何取得……諸多因素讓經營者開始思考：「有什麼方法可以更穩定地生產？若蓋一個以電腦控制溫度、溼度、光度、氧氣的廠房，讓菇好好享受空調環境，把菇類的營養統統保留下來，不受環境汙染，該有多好啊！」於是，他模擬杏鮑菇最喜歡的高山濕冷環境，陸續建構無塵低溫接種室、零污染栽培庫房、高溫高壓殺菌設備、空氣過濾系統等設備，嚴格控制污染源，提供菇最好的生長環境。「菇場工廠化」是蕈優農場的理想，而投資這樣的現代化設備果然不負眾望達成任務。現在的蕈優農場在菇場改善設備後，產量幾乎成長三倍，品質也提昇許多。羨慕吧！這些杏鮑菇不但有純淨的洗澡水，還居住在恆溫的無塵房，比你我還更舒適呢。

數十年來，種植杏鮑菇這個極其簡單的產業，他們用不同以往且一心精進的理念，打造一條耗資、耗時且不知成功與否的改革路。在傳統的種菇場裡，只要在山上隨便搭個菇寮，買幾箱太空包，幸運的話，幾星期後就有杏鮑菇可以收割了。然而蕈優農場硬是繞了遠路，也是一條變革台灣種植杏鮑菇的路，這一堅持只爲了一圓方世文董事長對消費者的心願——「有機、安心、免洗菇」。

在我們食堂研究杏鮑菇的過程中，我們發現一個現象，就是因爲傳統的杏鮑菇有一股特殊的氣味，一般人稱之爲「菇腥味」，而且愈傳統的育菇場所養出的杏鮑菇，菇腥味愈重，導致有一群爲數不少的人不喜歡吃。然而，因爲台灣素食堂自開業的第一天起，就一直採用蕈優農場的有機杏鮑菇，從未改變，所以我們食堂的招牌——杏鮑菇類的菜色永遠名列前茅。在開業的七年裡，我聽過千百種對本食堂的抱怨及指教，但我從未聽過消費者抱怨過食堂的杏鮑菇有不好的氣味。這就是蕈優農場杏鮑菇的魅力，不但香氣渾厚，菇體本身嚼起來還特別彈牙，口感奇佳。

在台灣的各個角落，都住有一位傻子，不相信傳統，不跟隨前人腳步，就是要將數十年甚或是上百年的歷史，走出自己的新思維。蕈優農場改變了杏鮑菇，我們只希望將這個精緻故事分享給大家。

陳班長的歸來牛蒡

當「歸來」是爲了「牛蒡」。一切就都從苦汗中開始，在笑淚中豐收。

陳建行，我們就叫他「陳班長」吧！「屏東歸來」的陳班長，因爲父親中風了，「歸來」；夫妻小孩分隔三地了，「歸來」；牛蒡沒人種了，「歸來」；產業沒落了，「歸來」。如今「人」歸來了，「團聚」歸來了，「牛蒡」也歸來了。於是「歸來陳班長」就是歸來牛蒡。

屏東市歸來社區，在日治時期就開始種植牛蒡，只因據台日本人思念家鄉的牛蒡，於是在台灣找尋適合種植牛蒡的區域。無意間發現屏東歸來的土地，土質密度高、含氧量少，又具有豐富的鐵錳結核粒，這樣的土質略顯紅色，稱之爲「紅土砂」。此種土種出的牛蒡纖維細緻、極具彈性，再加上歸來本地的氣候非常適合，於是日治時期開始，日本派遣農業專家來台，開始計畫性地栽培種植牛蒡。最終日本人發現，歸來所產出的柳川品系牛蒡的品質與口感，皆優於日本本土產出的柳川系牛蒡，所以日本人將歸來牛蒡視爲軍糧，只提供給駐台日人食用，其餘就大量運回日本，並將歸來規畫成日治台灣時期唯一的牛蒡產區。由此我們就可以知道歸來牛蒡的優越性。

台灣光復後，日本人相繼遷回日本本土，但對於歸來牛蒡的風味卻遲遲難以忘懷，於是就從日本大量進口歸來牛蒡，最興盛的時期是一九七〇至八〇年代，歸來地區的牛蒡田面積甚至超過一百公頃。而在四十年前那個年代，牛蒡的外銷價格竟可以高達每公斤七十至八十元。根據農糧署的記錄，當時每公斤白米價格僅從每公斤十一元暴漲至十六元，米農就已經歡欣鼓舞了，可是相對於歸來牛蒡的外銷價格，當年歸來的牛蒡農幾乎個個都是生活豐饒的富農，可謂是太平天年、家家豐慶。

然而好景不常，自一九九〇年代起，中國農產品開始鯨吞蠶食整個國際市場，牛蒡又爲其中首當其衝的農產品。中國在一九八〇年代末期引進日本牛蒡品種，計畫性地大量在中國境內種植，主要產地分布於江蘇省的徐州豐縣、沛縣，和山東省的蒼山，種植面積之遼闊、產量之豐饒，絕對超越屏東歸來。再加上牛蒡在中國並無消費市場，所以悉數被作爲外銷出口，而日本當然是首先必須攻占的市場，於是削價競爭就是必然的惡性循環了。中國的白肉牛蒡在價格優勢的條件下，開始大舉以低價傾銷至日本，這就進一步對歸來牛蒡產生破壞性的價格攻陷。歸來牛蒡曾經在最慘的時候每公斤只賣二十二元，幾乎是巔峰時期價格的三分之一不足，到了賣愈多虧愈大的地步。於是歸來的牛蒡農開始紛紛棄種牛蒡，甚至一度在歸來只能看到檳榔樹，而牛蒡田萎縮到僅剩零星種植，在二〇〇〇年左右的歸來牛蒡田趨近於零，而這段時期可謂歸來牛蒡的冰封期。

二〇〇八年起，歸來牛蒡迎來復興期，除了當時的屏東縣議員蔣家煌先生四處遊說在外地的屏東年輕人，歸鄉扛起復育的農事。更重要的是成立屏東市蔬菜產銷班第十三班的陳建行班長，他頂著碩士的高學歷，辭去台北科技公司高階主管的職務，歸來故鄉爲重病的父親分擔解憂，爲歸來的牛蒡復興盡一份心力，引燃第一把希望之火。

年輕、高學歷的陳班長，投身於復興歸來牛蒡的工作裡，面對中國牛蒡的高市佔、低價格競爭，「差異化」一定是競爭的起點，而品種的選定一定是首要問題。既然價格上無法與中國大量種植的美白牛蒡相抗衡，那就堅持日本最高等的柳川牛蒡。一般市售牛蒡外型雪白細長者爲白雪品系，生長時間短，一年四季均可種植；而屏東歸來牛蒡則是選用來自日本的柳川品種牛蒡，其特色是根深、葉肥、皮粗、肉厚，上等的柳川牛蒡直徑超過二公分，長度在一點五公尺以上，是市售牛蒡的數倍大。由於牛蒡根部深入地底，更能吸收土壤中的養分，因此營養價值特別高。另外，柳川牛蒡自整地到收成，時間長達六個月，更顯其稀有珍貴，因此又有「黃金牛蒡」的美名。

再來就是堅持有機種植，在台灣牛蒡作物有機種植的比例幾乎為零的年代，堅持有機耕作模式幾乎是與老天對抗。在一片都是慣行農法的家鄉土地上，要堅持有機種植是一件辛苦的事，一開始的土地復育是最基本的工作，鄰田汙染更是有機耕作的一大挑戰。但是所謂的汙染豈是單方面的？當鄰田都是慣行農法時，別人家的農藥及化學汙染，一定是有機農戶的夢魘。然而你家的有機田對他人的汙染就是蟲子，所有會吃別人莊稼的蟲子都是陳班長的責任，於是陳班長除了要為自己的農田驅蟲，還要去別人的農地除蟲，想想也好笑，就是有機耕作嘛，除蟲還要除到別人家的農地。

然而就是這份堅持，讓你在土地裡隨手抽出一根新鮮牛蒡，只要簡單地用清水洗去外層泥土，不用去皮就可以張口就啃。這種牛蒡的香氣濃郁，滿口甘甜，再加上脆口的口感，咀嚼時還會發出喀拉喀拉的聲響，彷彿聽到土地的呼喚。

然而就是這份堅持，讓歸來牛蒡擺脫中國牛蒡低價競爭的糾纏，順利攻佔日本的高階日本料理市場。而因爲歸來牛蒡是引進日本當地最佳的柳川系品種，於是也順勢摘下「貧窮人的人蔘」的代名詞。如今歸來牛蒡已回頭攻佔台灣高檔餐飲及超市的市場，意味著「歸來」代表著台灣、在地、有機、安心頂級牛蒡的榮耀。

如同我們食堂的招牌菜「蒲燒牛蒡排」，裡面的當家主角就是歸來牛蒡。也只有歸來牛蒡才能讓這片牛蒡排入口後，充滿著牛蒡濃厚卻不刺鼻的香氣，並呈現自然的甘甜卻不膩口。曾經有一次因叫貨時程疏失，導致店裡牛蒡供應不及，臨時去有機超市買了其他區的有機牛蒡回來應急，但那批牛蒡排做好後，我們直接放棄那批產品。因爲不是歸來牛蒡，就呈現不出台灣素食堂「蒲燒牛蒡排」的味道，於是我們只好讓它缺貨三天，就爲了我們對歸來牛蒡及消費者的承諾。

如今歸來牛蒡順利地回到台灣以及日本市場的領導品牌，這其中的努力及勇敢就是「陳建行班長」以及「歸來」。

百壽有機芽菜農場

當你連「豆芽菜」都要計較的時候，你已經到了龜毛的地步了。

二〇一三年，豆芽菜的市場每斤零售價格大約在十二至十五元間。如果你是餐廳的經營者，五十加侖的塑膠桶，整桶進貨，不要太計較豆芽菜生產及保鮮過程，這樣的豆芽菜，你甚至可以壓低到每斤五元的成本。廠商還週週幫你送貨換桶，完全不需要擔心因氣候因素而導致價格波動。甚至當生鮮綠色蔬菜遇到颱風季節，而導致市場價格暴漲時，豆芽菜就是餐廳們最佳的救援部隊，完美取代蔬菜，穩定供應給消費者。這種穩定的價格和供貨，你還需要太在意它嗎？加上豆芽菜清脆的口感，深獲消費者青睞，這整個龐大的豆芽菜市場，當然是良莠不齊、殘破不堪了。

但是，就有一個牛脾氣的邱國禎老闆，爲了「豆芽菜」，回到故鄉苗栗縣獅潭鄉開山闢地，成立「百壽有機芽菜農場」，專種有機芽菜，瞠目結舌了吧，芽菜？有機？農場？

那是二〇一三年初冬的午後，天氣還算暖和，從台北出發時，一路迎著陽光。夫妻二人今天的目標有三處，都在苗栗縣的獅潭與卓蘭兩個鄉鎮，首站我的規畫就是位於獅潭鄉的「百壽有機芽菜農場」。那些年豆芽菜的問題叢生，不肖豆芽菜商人的新聞，幾乎每隔一段時間就會出現在報紙上，什麼黑心豆芽菜「矮壯素」、「保險粉」催熟，只要三天就可以收成，而且芽體粗壯無鬚根，賣相十足。再來就是工業用漂白劑「低亞硫酸納」浸泡豆芽，保證多放個一、兩個星期，依然美麗如昔，口感爽脆可人。然而，要不是這種芽菜讓一個七歲小女孩吃成了肝衰竭，大家還認爲這種賣相完美的豆芽菜才是芽中極品。也就是這些緣故，讓我們決定一定要找到一款安心的豆芽菜。「百壽有機芽菜農場」的邱老闆在電話中熱情十足，除了不斷邀請我們拜訪他的農場外，還詳細地描述上山的路徑，但我們夫妻倆還是在獅潭的山間繞了一個鐘頭，連Google導航也迷路。經過我打電話不斷聯繫，及途中四處詢問，我們還是比約定時間足足晚了一個鐘頭才到達。首先映入眼簾的是一大片的彩繪牆面，將農場的名字大大地寫在牆上，但是陡峭的山坡下卻是一道厚重的鐵柵欄擋住了進入農場的入口，加上山下的陽光並沒有跟著上山，濃霧罩住整個山頭，溫度也明顯地降至冬天，當時我們以爲又被騙了，今天下午可能又要無功而返。可是既然來了，不容易放棄的我下了車，試著推開鐵門，誰知這道門居然就被我推開了。

一番折騰後，終於如約見到邱老闆，初見面就印象強烈，他絕對是從見過世面的生意人轉型過來，三兩句話我們就聊上了。他先從冷藏冰箱裡抓出一小把豆芽菜，自己先塞了幾根在嘴裡，顯示他對自家農場芽菜的信心，然後再分別遞給我們夫妻各一小把：

「吃吃看，我們的芽菜有五度的甜度，是目前市售所有芽菜最天然、最甜的。」經邱先生的解說及示範，我們夫妻二人也不假思索地就將芽菜塞進嘴裡，細細地品嘗。這豆芽菜眞的是清脆爽口，且在口中釋放出自然的甜味。老實說，爲了找到安心的豆芽菜，我也是費了一小番工夫，包括烏來山上號稱絕對安心、天然的豆芽菜，我也拜訪過二、三家了，可是我眞的沒吃過這種甜度的豆芽菜，幾乎不亞於蓮霧。而且還是一入口就感覺到「安心」的豆芽菜，這種安心感不是靠言語吹噓出來的，而是豆芽菜本身告訴你的自然感受，如果有機會大家要自己去體驗這種眞實。

邱老闆開始爲我們介紹農場的環境，第一站就帶我們上到農場高處的涼亭，他指著涼亭前方的小溪，娓娓道出他就是爲了這條溪，才在這裡設芽菜農場的。一般的芽菜場都不重視水質，隨心所欲地使用地下水、自來水，最多就是使用RO水，但邱老闆當初選定這條溪水，除了它的水質潔淨外，再加上溪水中含有天然的礦物質，這樣的水質才能種出自然甘甜的豆芽菜。涼亭上的冷風，颳得我們夫妻二人深感涼意，絲毫沒把山下初冬的太陽帶上山來，不禁請邱老闆帶我們離開涼亭，而這又引起他的另一段話題了。原來他就是要這種常年偏寒又罩霧的氣候，這樣的天氣不會激發豆芽快速成長，再加上他不用任何催熟劑，堅持有機種植芽菜，所以別人的芽菜二天收成，百壽農場的芽菜硬是要到第五天才能收成，導致收成量僅是別人的三分之一而已。別人一斤綠豆可以收下十四斤的豆芽菜，而這裡只能收四斤多的豆芽菜，這就是百壽農場的品質。而這種品質的豆芽菜，媽媽們下鍋炒一炒便知與眾不同，一般炒豆芽菜都不用加水，因爲豆芽菜會自己生水出來，而百壽農場的豆芽菜必須加水去炒，不然就會焦掉，大家也就可以知道，這二種芽菜的品質根本不在同一個檔次。

這就是決心，邱老闆原本是建築業的老闆，從每張交易單出手就是上千、上百萬的物業，轉身回來種媽媽滋味的芽菜時，竟然願意將自己埋進這麼深的修練裡。雖然每斤豆芽菜賣出同行四倍的價格——四十元，創業之初，還被市場嘲笑他是不懂行情的大外行，這初期的虧損可想而知。邱老闆前後經營的產業，其二種產品的價格相差數十萬倍，但他卻用相當於蓋房子的堅持在種豆芽菜，食材之旅的眾多行程中，特別將百壽有機芽菜農場邱老闆的故事寫成一篇，是我對邱國禎老闆的勇敢的讚嘆。雖然我們因食堂的平價價格走向，無法採用他們家的豆芽菜，但我還是要爲大家推薦這台灣第一的豆芽菜。

如今，邱老闆的兒子終於被父親感動了，回山上接手農場的經營，我看 YouTube 影片介紹，年輕人腦袋靈活，兒子邱正光已將農場經營成觀光農場，但是對芽菜的種植依舊承襲父親的經驗，不敢有任何改變，品項也維持著綠豆芽、黃豆芽、黑豆芽、苜蓿芽等一、二十種品項。各位好友，當你假日總是走進卓蘭老街或有機果園的農場，你是不是也該改變一下？去感受一下有機芽菜農場的不同風味。去品嘗一下這自然甘甜的有機豆芽菜，親身感受邱國禎老闆瘋狂般的執著。當然，觀賞完十數種不同芽菜的風姿後，記得去喝一口那條冷冽甘甜的溪水。

執著的人四處都有，執著地將上千萬的住家蓋得堅實、舒適，這種建商到處都在。但是堅持守在山上，清冷地種出一根根有機豆芽菜，邱老闆算是台灣唯一一人了。

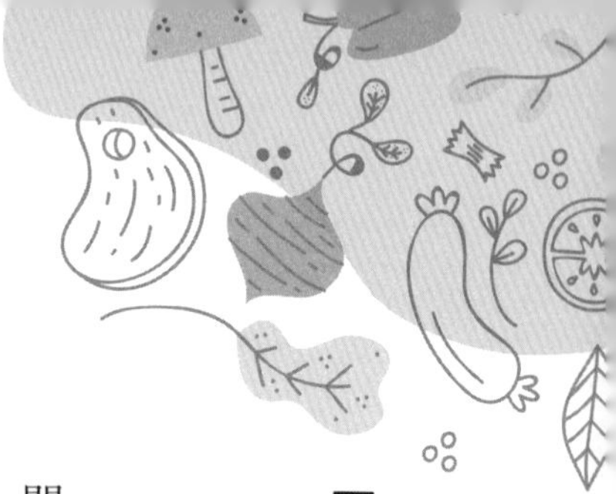

只會種金珍菇的有機小農

開了七年的有機蔬食餐廳，與許多有機小農合作，知道他們是厚實純樸的，但有時候「厚實純樸」的背後，藏著許多你不忍知道的故事。

開店的第四年，需要用到「有機金針菇」，因爲剛開始用量不大，所以老婆就在全聯採購，漸漸地用量愈來愈大，就開始循著包裝袋的聯絡電話，與草屯一家有機金針菇培育場聯繫。

「喂！XX菇場，我是台北的素食餐廳，我需要有機金針菇。頭家你貴姓？」

「我姓林，你要自己來載嗎？」

我訝異地不知如何接話：「自己載？我的店在台北，怎麼可能自己去載貨。」

誰知林先生立即回說：「那安捏我無法和你做生意。」

「嘿！林先生你只要封好箱，送到隔壁的7-11，塡好單子，這樣就可以了！小黑貓就會送來給我了。」

「無可能啦！黑哇昧曉啦（那個我不會啦）！而且溫山頂無7-11（而且我們山上沒有7-11）。」林先生悍然地拒絕。

但經過我近半小時耐心溝通，這位林先生似乎被我說動了，我趕快接著問：「你們金針菇價格怎麼算？」

「看季節啦！夏天五十元一公斤，冬天只要三十五元。」

聽到價格，我實在不知要感慨還是高興：「那你一箱幾公斤？」

「我們交給盤商，他們都規定我們二百克一個眞空包裝，每五十個包裝一箱，所以每箱是十公斤。」

「嘸啦！我們是餐廳，你就是一個箱子，能裝盡量裝，不用再分二百克一個眞空包了，你去秤一秤這樣不用眞空包裝的金針菇，一箱能裝幾公斤，你每次就寄一箱給我。」

本以爲善意的我，電話的那頭默不作聲，經我不斷催促，林先生才姍姍回話：「那個我不會啦！我看算了啦，你去找別人買。」

急得我趕快詢問：「林先生，我不是要跟你殺價耶，我只是要替你省一些包裝費用，我想說我們是餐廳，用得快，眞空包裝浪費你的包材和工錢。你放心，我每公斤無論淡旺季都以五十元向你採購。這樣會造成你的困擾嗎？」其實我不是慷慨，我心裡默默計算過，即便我以他與盤商的最高價向他採購，再加上我自付運費，我都還能省超過三分之一的成本。

誰知電話裡的林先生依然執著：「你說的那樣太麻煩了，我不會做啦！我就是二百克一個眞空包，一箱十公斤賣給你，其他我不會啦！」

「好！就用你的方式，我每次向你採購一箱，我們加個Line，我把我的資料傳給你，你先幫我寄一箱來，順便給我一個銀行帳號，我把錢匯給你。」

本以爲事情到此爲止，他終於願意接下生意了，誰知問題居然繞回原點，我們這位可愛的林先生又說了：「啥咪是『賴』？我不知道，你還是要自己來載，那個什麼小黑貓，我不懂啦！」

天啊！這位仁兄也太老實了，我幾乎要失去耐性放棄算了，但骨子裡的我，每每遇到這些純樸的小農，總是會耐心加十級：「林先生，你稍等我一下，我去詢問一些事情，再回頭打電話給你可以嗎？」

他終於第一次對我說：「好！」

放下電話後，趕緊打電話給我配合的黑貓宅急便專員，確認小黑貓可以幫我去菇場取貨，甚至爲顧客代塡宅配單，而林先生只要簡單地將貨交給司機即可。回電給這位古意的金針菇廠老闆，並告知他，我會預匯四箱的貨款（反正這才區區的二千元）給他，讓他不要擔心帳款的問題，這樣反覆折騰，才讓林先生同意這個他認爲麻煩的交易。

這個不可置信的小農，會讓我們以爲他的拙直應止於此了。結果在數星期後，因業務的需求我又打了一通電話過去，這次接電話的是他兒子，在談完我的需求後，我不禁基於善意多問了幾句：「你爸爸是不是所有種出來的金針菇，只交貨給一個盤商，而沒有其他客戶了？」

如我預期中的驚訝，我得到肯定的答案，林先生因不擅表達，也太執著有機種植的技術，而忽略或是不敢於生意的經營。所以當一位盤商可以包下他所有的產能時，他就這樣過了二、三十年，辛苦地把孩子拉拔長大，如今孩子已經可以獨立了，他就更沒有改變的想法，很認眞地將金針菇用有機的方式種得漂漂亮亮的，每天守在菇寮內，沒有其他雜念，孩子們也不敢多說，只好各自在外工作。菇寮將在林先生退休後自然凋零，我花了一些時間勸說他兒子，告知他林先生的金針菇是我們餐廳用過最好的有機金針菇，所以他如果願意多開發一些餐廳的生意，一來分散銷售據點，二來利潤也可以更好，不用全部經過盤商，而致價格被剝削。兒子靜靜地聽完我的分析後，只是淡淡地苦笑一聲，完全無法搭話。至此我知道情況就是如此了，再說無益，只好掛上電話，心中暗自嘆息。

台灣的有機小農是非常老實又辛苦的一群，社會上的商人會在合作前，要他們估算產值，以便計算出一個有利於市場的價格。但我們都知道，土地裡的事就是老天的事，豐收、歉收都是上天決定的，而這種估價行爲，讓小農在收成不如預期時，都會不惜血本地自行吸收，而大部分的商人們也會毫不客氣地吃進去。常常建議他們，成本總要適時反應給買主，他們的回答一定是：「答應人家的，吃點虧也要做到。」可是這又不是

「吃點虧」就可以彌補的狀況，他們又會害羞地不做任何抗辯，就這樣默默承受下來了。

林先生的例子，在台灣老一輩的有機小農裡屢見不鮮，他們一輩子只知道農作，順天知命，只想著從土地裡種出最好的給我們，而不敢有過多要求。遇到困境時就互相安慰：「土地，不會餓死人的！」所以在歉收的苦後，明天依然拿起農具，把土地整理整理，繼續埋進種子，繼續給自己希望，然後滿足地笑著回家。

朋友，有機會到鄉下走走，記得熱情地向小農們揮揮手，讓他們知道你的謝意，然後，回家多吃一點金針菇吧！

未來肉

發現這產品會長蟲時，我就安心了！

台灣素食堂開業的第二年，夫妻二人經過數次天人交戰，終於下定決心將店內的所有素料品項全數下架。雖然這讓食堂的業績瞬間下滑二成，但我們還是堅持初衷，我們要打造的是天然飲食的用餐環境。但夫妻在數次的探討中，還是希望能夠有幾項具咀嚼感的產品，但這並非天然蔬食食材可以克服的。某天，長年茹素的丈母娘熱心地帶我們夫妻二人到環南市場的素料行，希望讓我們見識一下素食的豐富性，雖然是第一次來到這頗具規模的素料行，品項的多元當然是超越我們夫妻的想像，但讓我們失望的是，這裡依然充斥著琳瑯滿目的「素料」，正當我們失望地準備離開素料行時，熱情的老闆娘

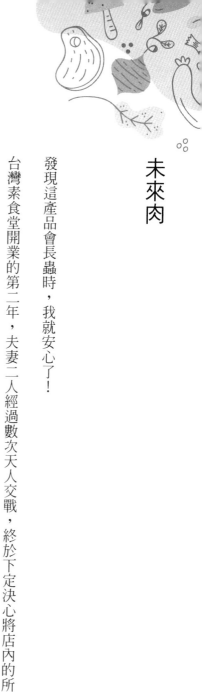

突然向我介紹一項我們前所未見的產品——「素肉塊」。

「素肉塊」吸引我們夫妻二人的原因很簡單，就是它摸起來不油膩，整體就像是擠壓成型的狀態，且它不像素料只需要加熱或淋上醬料後即可食用，這種素肉塊必須經過處理、調味、烹飪才能食用。它在進貨時是沒有經過任何的油炸及調味，不像其他素料幾乎都是豆製品，然後一定經過油炸，且經過「過度」甚至是「化學性」的調味。經過老闆娘熱心的介紹，並教會我們烹飪的方法，我們就買了些許的樣品回店裡研發，當然這裡面也有一項「素燥粒」的產品，日後成爲我們店裡的招牌「素肉燥」主要的原料。

回到食堂後，我們開始著手進行這項產品以及生產廠的認識。「弘揚食品股份有限公司」是一家設立於一九九六年的公司，原本只是希望向日本人進原料，爲的是看好國內「素肉鬆」的市場，無奈日本廠商因爲種種理由，而拒絕販售這種素肉原料給他，於是謝奇峰董事長只得自行研發製造這種原料，經過無數次失敗，終於將自己心目中的產品研發出來了。這種沒有調味，運用不同穀麥類間不同的長短鍵蛋白，相互調配比例而產生的不同口感，去模擬不同物種的肉品間口感的差異。更難能可貴的是，這款素肉塊僅利用擠壓成型，而且不經油炸定型，不添加任何調味料，將產品的調味權全部留給店家，修正了傳統素料產品給消費者重油重口味，甚至是化學調味或是摻入葷食的不良印象。

如今全世界都知道，曾經的世界首富比爾蓋茲，以及亞洲首富李嘉誠所共同投資的「Beyond Meat」，其股票價值的本夢比遠遠超過其真正具有的市場價值，這就代表著未來肉的市場已從素食者的專屬，漸漸地傾向全人類未來的共同需求。然而就在「Beyond Meat」成立的十三年前，謝董事長的弘揚公司早在一九九六年就成立這個團隊。在沒有素肉塊的確實知識及技術，甚至是市場上都還沒有相關機器設備，更遑論相關的專業團隊，公司就這樣成立了。而其中只有一種信念，讓植物蛋白可以在不同的組建基礎上，創造出不亞於肉品的口感，滿足人類的口腹之欲，進而將更多的人帶進 **Vegan** 的世界。

其實在我們的食堂內，利用弘揚公司各種不同型態的產品，發展出相對不同的菜餚，其中包括用「素燥粒」爲主原料做出的「素肉燥」；「素肉塊」做出的「乖乖」、「蜜汁咕咾」，都是食堂內大受歡迎的菜餚，而我們敢安心地大量運用也是因爲它的天然，進而讓大家在享受素食的健康與地球環保之餘，又能相對地提供自己一個更好的選擇。甚至數次因食堂內儲存條件不佳，老婆驚恐地大叫：「庫存裡的素肉塊長蟲了！」這在一般人眼裡，一定認爲這是弘揚公司偷工減料、品質不良的證據，但在我這個具保健食品三十年經驗的經理人眼裡，我敢肯定這是因爲天然有機無添加的原料，才會有此現象，否則植物裡的蟲卵早就在農藥、化學添加或高溫油炸裡被殺死了，何來潮濕及高溫的儲存條件下被孵化出來呢？所以我們雖然數次地丟棄這些長蟲的素肉塊，但從來沒有換掉他們家產品的念頭，因為我知道——會長蟲的農產加工品才是眞正天然的產品。

以上的故事似乎在讚揚一個隱藏性的台灣之光，但我們似乎要反省著另一個眼界與企圖心的問題，大家都聽過一句諺語：「瞄準太陽，你總會射下老鷹的。」這就是台灣素料界該引以為鏡的地方。我們先從「Beyond Meat」這家公司的願景與目標開始說起，創辦人伊森的成長過程中，小時候每個週末會到父親的牛奶牧場度假，也就是因為有這樣的經歷，於是他開始省思，其實世間萬物生而平等的道理，人類無權為了裏腹而傷害其他生物的性命，於是他開始了Vegan的生活。然而當伊森成為純素者時，卻苦於市場上能夠找到的肉類替代品非常有限。因此決定開始研究肉類替代品及其產業，最後終於成立自己的公司。而這個公司最大的宗旨就是要讓世界上所有的葷食者不需要透過殺生，就可以享受到與肉食相同的滿足感與口腹之慾。公司成立之初便與密蘇里大學兩位教授謝富弘和哈羅德．赫夫接洽，兩人在提煉植物蛋白方面的研究已有多年，可以在最短的時間內爲公司研發出所需的商品。而這兩位專家中我最想強調的是來自於台灣的謝富弘教授，其實謝教授所有的研究基礎全部來自於台灣已經非常成熟的素料概念，後面所進行的實驗與成品大多與此相距不遠，但這企業居然發展成世界級的公司。

再來反觀台灣的素料產業，其實此相關企業在四、五十年前，如雨後春筍般一家家地冒出，每一家似乎都大發利市，所鎖定的是台灣的素食者市場。雖然台灣擁有全世界比例第二高的素食者人口，但總括起來也不過是三百萬不足的人口市場規模，競爭終至飽和及白熱化。於是開始有不肖業者爲了強化產品的競爭力，開始在產品內添加葷食的原料，甚至是一堆不當的化學添加物，以期在口味上勝出同業。但這種不正當的競爭模式開始被同業競相模仿，而且每一家素料工廠的製作模式更是不斷地朝著負面的方向推陳出新，終於事情爆發，市場恐慌了，台灣的素料界瞬間進入黑暗期，各個素料廠間不堪地慘澹經營，確實引起台灣社會極大的注意及反彈，這無疑給了台灣素料市場一記重重的死亡之拳。

以上二個不同的故事，在二個不同的國度做著相似的產品，但為什麼「Beyond Meat」可以成為世界級的公司，獲得東西兩大首富比爾蓋茲與李嘉誠的投資？而明明提早發展了四十年以上，技術更加成熟的台灣素料界大廠，卻僅能隱藏在台灣的各個角落，做著素食消費者還在擔心安全性的素料，其最大的差異點就是「企圖心」。「Beyond Meat」一開始就將目標放在全人類，希望透過「未來肉」的概念將 Vegan 概念推廣給全人類，以期解決全物種間生而平等的權利，更能夠為地球環保進行徹底性的解決，所以他們成功了。從二〇一三年我關注到這家公司，到現在全世界百分之五十的人類聽過或食用過他們的產品，這是何等輝煌的發展，正符合「人因夢想而偉大，但築夢必須踏實」的偉大情操。

而今在台灣有一家弘揚公司，早比「Beyond Meat」在更久的十三年前，也就是一九九六年，就在做著更成熟的產品，而這些未來肉將會是大家有生之年勢必會使用的產品。在大家一窩蜂地朝著外國的月亮時，回頭看看台灣的這顆——「更大、更久、更圓」。

一瓶白醬油

它本是我最想要在食堂使用的醬油——「玉泰白醬油」。

我在無數次的採訪中表示過，在我尋訪食材的過程中，醬油廠是我拜訪家數最多的食材。就爲了尋找一瓶適合的醬油，北中南東的醬油廠我都尋遍了，總數不下十數家，可以說是我們夫妻倆最重視的食材。最後經過綜合因素的考量，我們選定了雲林西螺的「陳源和醬油」，因爲他們的品質、無添加、純釀造以及產能，每項條件都符合食堂的需求。但若要論起我心裡面排名第一的最佳醬油，其實最中意的還是屏東市的「玉泰白醬油」。

在我開始尋訪食材的二〇一三年，五月份鬧出了雙鶴毒醬油事件，這是由今周刊獨家揭露的，後續當然也扯出一陣風波，人心惶惶。當時還未升格成衛福部的衛生署馬上派員調查，果然發現雙鶴醬油生產的九項產品中，驗出過量二倍的致癌物單氯丙二醇（標準量需低於 0.4ppm）。而這種五公升裝的商業用醬油，每週可擁有高達一千桶的銷售量，非法橫行在台灣各地的小販及夜市。這瞬間引爆化學醬油在台灣存在已久的話題，這種利用低價的黃豆粉，加入鹽酸快速分解黃豆粉內的蛋白質，並利用人工甘味劑及化學色素調出醬油的味道以及顏色，每桶五千西西但售價僅數十元的商業用化學醬油，立即受到消費者重視，在當年各大媒體爭相報導。然而事過近九年，這種一桶不到一百元的商業用化學醬油，依然大量地存在各個餐飲店中，受到廣泛使用，消費者照常不自知地大快朵頤。而今沒再繼續受到重視的原因，不過是業者將當年雙鶴醬油單氯丙二醇超標的 0.86ppm，控制在合法的 0.4ppm 以內，消費者多吃一點還不至於有致癌的問題。

而在雙鶴毒醬油事件大量延燒之際，所有的毒物專家、各大名醫，不斷地出現在媒體面前，教大家如何辨識純釀醬油與化學醬油的不同。其中最普遍的辨識方法，就是教導民眾用力搖晃醬油瓶身，然後看看醬油瓶子內產生的泡沫情況，若泡沫愈細緻、綿密、持久，就表示該醬油的品質愈高，消費者買到純釀醬油的機會就愈高。於是時至今日，這種搖晃醬油瓶身，目測醬油泡沫以分辨優劣的方法，就成為婆婆媽媽們口耳相傳的好方法，以期自己避免買到劣質的化學醬油。

然而這種最被認同的辨識好醬油的方式，在我拜訪玉泰醬油時卻完全被顛覆了。屏東市民族路玉泰醬油廠，老闆許祥盛夫妻堅守父親許永看用古法研發出來的「白醬油」，歷經一甲子不衰退，採用非基改黃豆、堅持十五個月的發酵、沉澱與手工裝瓶，硬是比外面所謂的純釀醬油，多了九個月的釀造期。玉泰是全台「白醬油」始祖，許祥盛說，父親許永看十六歲時在日本人合資的「龜甲壽」醬油工廠當學徒，光復後便離開龜甲壽醬油廠，自己出外闖天下。當時醬油市場競爭激烈，許永看為找出醬油獨特性，苦思製作「白醬油」。許祥盛說，「白醬油」原料是黃豆加小麥，釀出來是黃褐色透明原汁，不添加防腐劑和色素，相當甘醇。許祥盛說，黃豆發酵後，進入釀造池釀造浸泡，「至少釀十二至十五個月」才可以壓榨、蒸煮、沉澱再壓榨、蒸煮，再人工裝瓶。然而這種十五個月冗長的發酵釀造時間，足足是一般純釀醬油六個月發酵期的二點五倍時間。而就是這種完全的發酵時程，將黃豆蛋白完全水解，使得這款白醬油除了甘甜醇美外，還有無論你如何搖晃瓶身，絕對不會產生任何氣泡，但這個特點卻成為玉泰白醬油被惡意攻擊的致命點，在那段毒醬油事件不斷侵擾著台灣民眾的新聞氛圍裡，玉泰白醬油受到無數的謠言攻擊，讓許老闆有著百口莫辯的無奈。如今時隔近十年，耳邊還是繞著當年他那憤怒中又無可奈何的聲音。

尋訪玉泰白醬油廠的那天，是我在保健食品廠任職的最後一個月，利用拜訪屏東里港客戶後的下班時間，我順道去拜訪。到達玉泰醬油廠時已近傍晚時分，那是他們出貨的時間，在那棟充滿著歷史的建築物前面，滿地都是當天要安排出貨的一堆堆醬油，員工忙著裝箱打包，我就站在騎樓下和許老闆交談。許老闆帶著我環著廠內介紹一圈後，除了古老的製醬油器具外，還有滿眼的歲月痕跡。我向許老闆盛讚著他對父親製醬油工藝的堅持，以及廠內無數的歷史器具，許老闆逕自領著我到店外，欣賞著「玉泰醬油廠」的招牌，他說這塊招牌是父親開店後延用至今，佈滿歷史痕跡，他自認爲這塊招牌才是「店內最值錢的物品」，因爲它代表著「玉泰白醬油」的商標與信譽。

回到大門前的出貨現場，所有員工都還在忙著出貨，忽地聽到一位女員工大聲地嚷著：「老闆今天的貨不夠喔，可能有一些單子出不了，只能安排下週再出貨了。」下週？爲什麼不是明天？這是我心中的疑慮。許老闆表示，因爲他們的白醬油發酵期較長，所以產能受限，因此他們的預訂單少則三個月，甚至遇到年節大月時，可能需要長達半年的時間，才能安排出貨。而且從他們父輩開始僅堅持一種規格的玻璃瓶裝，所以無法提供商業包裝的價格，在種種的限制下，我只能放棄這個品牌，因爲無論從供貨的即時性及接續能力，以及商業成本的考量，這是一瓶極爲優等但無法掌握的原料。然而若是家庭使用，本人極爲推崇。但是業務性格的我，總會想多了解一些產品的詳細內容，於是我向許老闆要求，可否賣我幾瓶，讓我拿回家試用看看，在現場貨源實在不足的情況下，他僅能賣給我一瓶，但這對我而言算是聊勝於無了。

回到台北，迫不及待地將這瓶白醬油遞給老婆，週末我們就打開來，倒在碟子裡，欣賞那優雅、淡淡的琥珀色。難怪它叫「白醬油」，它的顏色既不如黑豆醬油般深邃，比起人工色素化學醬油的徹黑，這瓶白醬油何止是透明清澈可以形容？當我們將它蘸食物食用時，這瓶白醬油徹底將蔬菜的清甜烘托出來，加上它不過鹹的口感，只能以優雅來形容它的味道。往後這罐玉泰白醬油從未在我們家拿來烹煮任何一道菜餚，我們只捨得將它拿來蘸食一些我們覺得珍貴的食物，這就是我們夫妻倆對這罐白醬油的尊敬。

「玉泰白醬油」——我們心中的醬油首選，可惜因它的商業條件不能完全符合，所以我們只能忍痛割捨。但如果你是醬油控，此生你務必嘗一口這罐白醬油的甘甜。

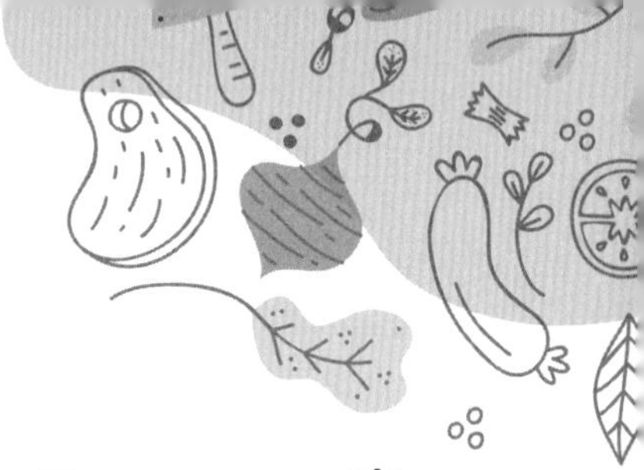

意外的旅程——老兵山蘇觀光農場

「失之東隅，收之桑榆」是這段旅程的最佳寫照。

爲了尋找食材，我們夫妻倆會利用時間，逛逛台北的各個假日市集，因爲市集裡總會有一些讓我們意想不到的收穫。有一天我們來到八德路光華商場旁的「希望市集」，在裡面我們發現許多心目中的農產品，其中有一項讓我們極度感興趣的食材——「有機山蘇」，這是從未在我們規畫中出現的選項。在我們驚喜地如獲至寶的情緒中，與這位農友深聊許久，原來他的有機山蘇農場在花蓮，每個假日都會到各個市集擺攤，藉以推廣他們家的「有機山蘇」。能夠獲得這麼好的資訊，我們當然十分珍惜，並向對方表明：我們食堂所選用的食材，必須經過實地拜訪才會採用。這位農友當場就表示歡迎我們的親訪，於是我們雙方留下聯繫方式與名片。在我們第一次的食材之旅時，「山蘇」就被我們規畫進去行程裡了。

每趟訪廠行程前，我們一定會事前與各個農場或廠商聯繫，當然這位有機山蘇的農友，也在電話那頭表示歡迎。台東行程的最後一天，我再次打電話與農友確認次日的約訪行程，因爲地緣關係，他被安排在我們花蓮的第一個拜訪點，當然，在電話中我們受到熱忱的歡迎，並確認了隔天早上的拜訪時間。然而當次日我們從台東出發時，再次與這位農友聯繫，他就再也不接我的電話了，雖然路程中間我一再聯繫，電話皆無人接聽，在車子進入花蓮縣地界後，我做了最後一次聯繫，確定他不會接我的電話了，也知道這又是一個虛假的有機農場了。

其實這樣不誠實的案例，在我們的行程中也絕非第一例，所以心中僅飄過一絲可惜，也不會有太深的在意。但對於有機山蘇，我們心裡並未放下，我們接續拜訪了花蓮的其他行程，在傍晚時我們來到花蓮的一家「栗子南瓜」有機農場，雙方也相談甚歡。在臨走前，我向農場主人表達今天的唯一遺憾，豈知這個小小的抱怨，居然得到這位農友非常正面的回應。農場主人表示，在花蓮鯉魚潭的山上，有一位特殊的農友，他就是專門種植有機山蘇的，但這位農友性格有些特殊，不知道我們是否能獲得接見，而且他僅能提供這位農友的室內電話號碼，以及農場的大致方向，其餘他就一概不知。在接獲電話號碼後，我們當然決定第二天一早的第一個行程，就是這座有機山蘇農場了。

一大早，在對方電話無人接聽的情況下，我們的車子還是先開到了鯉魚潭附近，但問遍附近居民，竟無人知道附近有一座有機山蘇農場。四處打聽無效，在快放棄的情況下，接近中午時間，電話的那頭終於有人接起電話了，我們依照農場主人盛台秋先生的指示，開了將近四十分鐘，中間多處只有車子雙輪寬度的驚險山路。旁邊是容易緊張的老婆，我也不敢有太多情緒反應，那條山路實在是太過坎坷，彷彿沒有盡頭。經過無數個驚險路段，終於看見簡陋的「老兵山蘇農場」看板出現在眼前。農場主人盛台秋嘹亮的嗓音從簡陋的草寮內冒出，原來整片農場僅他一人管理，前晚他回山下的家，接近中午時分才回到草寮內，接到我們即將放棄的最後一通電話。

他談到本來他有僱請一位員工，但草寮的環境實在太簡陋，加上他的有機肥料全部自己製作，工作量太大，實在是留不住員工，因此二十年來幾乎都是他孤身一人照顧這片有機山蘇農場。我們簡單表明對他種植的有機山蘇有興趣，這一下馬上挑動這位退伍長官的興頭。原來盛長官在三十九歲時退伍，當年他想著檳榔業還是個獲利頗豐的行當，於是他在鯉魚潭的山上買下一片檳榔園，本想藉著種檳榔賺點時機財，怎奈遇到檳榔業大寒冬。遭遇不景氣的倔強老兵當然不會輕易放棄，在與其他農友的溝通中，認識了山蘇這項農產。想著山蘇原本就是山上的野菜，應該回歸山蘇本性，將山蘇種在它該生長的地方。所謂該生長的地方，不僅單單只是在山上而已，而是指附在樹上「片利共生」。老長官中氣十足地談著：「山蘇原本就不是直接長在土裡，而是附生在檳榔樹上，採用離地栽種的方式，只是恢復其原始的面貌。」他甚至引我們到草寮外，向我們介紹一桶桶自製的有機肥，並嘟囔著：他向同業介紹他的耕作及製肥經驗，可惜沒人聽進去，讓他一身功夫，只能運用在自己的農場內，說著說著臉上就露出些許悵然。

回到草寮內，我希望盛長官可以帶我們去他的山蘇園參觀，無奈話匣一開的他，迫不及待地向我們介紹園裡的數十隻放山雞，並自豪誇口他園裡放山雞所生下來的土雞蛋，有多麼新鮮且毫無蛋腥味。就在我們夫妻二人尚未反應過來時，他逕自往山蘇園走去，不一會就帶回了二顆土雞蛋。他將雞蛋遞到我們手上，那是尚有餘溫的新鮮雞蛋，然而盛長官並沒有停下動作，回頭就將爐火打開，從我們手上取回那二顆雞蛋，一下子就入鍋煎出二顆荷包蛋，在蛋上各滴上二滴醬油膏，自信地給我們夫妻一人一份。說真的，這是我此生吃過最好吃的荷包蛋，蛋香味十足並且毫無腥味，蛋黃Q彈有勁，那香氣至今我們都還懷念著，難怪盛長官忽略了山蘇，先向我們炫耀起他的土雞蛋了。

在展示完雞蛋後，盛長官終於在我的再三提示下，引領我們去參觀他的山蘇園。正如上所述，我此生第一次看見山蘇種在檳榔樹上，有些甚至高達二層樓上，須利用工具方能採收。當然我也不知道，當初他是怎麼將山蘇苗插在那麼高的檳榔樹上，而且看來每一片山蘇都碩大飽滿。在我們的經驗裡，如此大片的山蘇早已老絲緊牙了，當我提出心中疑慮，他立即動手採了十數片新鮮山蘇，片片都有半個手掌寬，從指尖到掌中心的長度，如此尺寸不禁讓我們不敢置信，但盛長官臉上卻帶著自豪的笑容。我們回到草寮，盛長官舀了一瓢水進鍋內，打開爐火等水滾後，將摘回來的山蘇直接入鍋汆燙，不一會舀出燙熟的山蘇，分成二碗各給我們夫妻數片，並表示不給醬油，讓我們直接吃原味山蘇。我們當然是直接從山蘇尖先入口，心想著不知吃到那一段會開始纏口塞牙，可是那山蘇不但從頭到尾細緻鮮甜，毫無任何纖維塞牙縫，更奇特的是竟沒有任何一般山蘇略帶的苦味，著實令我們驚嘆不已。當場就決定，雖然盛長官給出的報價如此不斐，但我們一定會採用他的山蘇，上我們食堂餐桌的承諾。

道別了盛長官，從那條迂迴難行的山路下來，我們兩人終於放下心來，可以觀賞著這山路的艱辛與原始。心想著，盛長官要如何堅持著這二十年單獨一人的堅持，在這片尚屬原始狀態的檳榔園裡，獨創一種沒人做過的種植方式，與自己未曾謀面的「山蘇」作伴並奮鬥著。我們僅是看到他成功後的樣貌，吃著他無數次失敗後，所獲得的甘甜成果，想著他那份執著中的孤獨，我們帶著心疼與微笑下山了。

此行我們失之東隅，收到的卻遠超過桑榆了。

老兵山蘇觀光農場在花蓮鯉魚潭山上，靜候你的到訪。

經歷了北中南東的人生豆腐——「味萬田」

高雄出生的南部小孩，到中部的中國醫藥大學藥學系讀書，退伍後服務於全台的知名藥妝連鎖店，在台北某分店做執業藥師，最後駐留於東部淨土的花蓮，用有機黃豆做出一塊塊最純淨的「有機豆腐」。

花蓮「味萬田」——來自後山，一味單純。而這單純必須是純之以木瓜溪之水，煮之以有機黃豆，點之以太平洋的鹽滷，淨之以沒有消泡劑，安之以絕無防腐劑。如果以這麼嚴格的標準來做一塊豆腐，你以爲這個豆腐工坊的老闆，有多麼偉大的商業計畫嗎？

答案是：「我只想做一塊可以安心餵養自己孩子的豆腐。」

在我們的食材之旅計畫中，「味萬田」一直是我們最重視的行程之一，光從 Google

的資料中顯示，就知道這是一家自我要求極高的豆腐廠。它是我們夫妻倆進入花蓮最重要的行程，也是滿心期待的訪程。那天，我們的車子跟著導航進入了一間綠意盎然的工廠前面，那是一間有年歲的台灣古厝所改建的工廠，當我們緩緩駛進廠區，停在幾棵大樹下，馬上引來幾聲狗叫聲，一向怕狗的老婆立刻警覺起來。就在此時，熱情的魏太太（味萬田老闆娘）立即出來招呼我們，並大聲喝止了狗叫聲，老婆才敢步下車子，緊挽著我的臂膀快步地走入廠區。

一踏進廠區，雖然不是一間具規模的生產工廠，但我們看到他們盡心盡力地維持，廠區每個角落都乾乾淨淨，且因我們的拜訪時間早已過了中午，工廠基本上已處於完工後進入清潔整理的狀態。此時負責人魏明毅還未脫下工作服，頭上尚戴著工作頭套，就急沖沖走出工作間，出來接待我們夫妻。就是個實心的人，沒有任何一杯水，沒有熱情的訪客室，更沒有準備幾張椅子讓我們坐下，我們挨著廠區的玻璃門，站在工作間外聊了起來。透過玻璃，我們清楚地看見，整個廠區內都是用不銹鋼板架設起來的工作檯，甚至連豆腐的裝置盤及成型模具都是不銹鋼製的，這與我小時候隔壁阿伯家的豆腐工廠，木製的成型模板是截然不同的概念。

在好奇心的驅使下，我的第一個問題當然就是這些全是不銹鋼設備的原因，沒想到，魏老闆著實跟我上了一課，他說黃豆是高蛋白的產品，既然是高蛋白就容易生菌腐敗，老一代人都用木材做工作檯及模具，這是錯誤的觀念，因爲木頭是有毛細孔的，長期將這些高蛋白的豆製品裝置在裡面，完工後無論你如何刷洗，還是會有豆汁滲入木頭的毛細孔內。所以工作檯或是模具用久後，就會長出黑斑，而這些黑斑就是黴菌積累而成的。無論如何刷洗，都無法完全清洗乾淨，即便將這些木模用高溫沖洗，依然無法滅去滲入木頭深處的黴菌，如此就會汙染這些豆製產品。況且「味萬田」所有產品都是不添加防腐劑的，這樣會讓他們產品的穩定度降低，所以他就將廠區內所有器材全數使用不銹鋼製成。這課上得可到位了，也值得我們來此一趟，而相同的概念，我後來也在其他電視台訪問的新莊知名的「名豐豆腐」的黃老闆採訪中聽到。但是「名豐豆腐」早已是頗具規模的豆腐工廠了，而「味萬田」在當年僅是初具規模的小型廠，但堅持就從細節開始，這正是應驗了郭台銘先生的那句名言：「阿里山的神木之所以偉大，是四千年前種子掉到土裡時就決定，絕不是四千年後才知道。」

接下來的問題當然就是些最基礎的，什麼無消泡劑，用鹽滷做凝結劑，堅持採用奇萊峰淌流下來的木瓜溪潔淨水源，這就是「一水、一豆」的職人精神。當我想問最後的問題時，我是心虛的，因爲前面這位豆腐職人，既然都在細節上如此講究了，一定不會採用基改黃豆，但執著的我當然還是希望做一下確認。當我問出這個問題時，魏老闆不經意地冷哼一聲，立即引領我們到倉庫裡。當場映入我眼簾的是一袋袋的有機黃豆，那時的我實在是羞得連後頸都紅了，原來人家的標準，早已超越我的腦袋不知有幾個世代，這幾乎是我拜訪過的豆腐廠裡，自我要求程度最高的工廠，也是規格最完備的豆腐廠。這是職人的精神，在消費者尚未要求之前，他已經貫徹無數個自我管理的精神，去符合消費者想都未曾想過的境地，這不就是「味萬田」精神嗎！

或許是聊開了，我與魏老闆似乎有著一見如故之感，開始將話題岔開了。他問起我以前是否做過餐飲業，羞赧的我向他表示我是個斜槓老人，之前的三十年一直都是醫藥保健業的從業人員，由於種種機緣，我希望開一家有台灣精神的食堂。哪知在這樣的自我表述後，魏老闆居然主動向我表示，他更是位斜槓人了，其實他是位藥師，高雄的囡仔，大學期間是在台中的中國醫藥學院修讀藥學系，退伍後服務於一家全國數一數二的連鎖藥妝店，擔任台北某分店的駐店藥師。他說到這裡，我驚訝地張開嘴巴，怯怯地問他：「兄弟，藥師是目前國內的高所得行業，你怎麼會選擇來花蓮開這一家不知輸贏的豆腐工廠？你是人生勝利組耶！」怎知在我一連串具同理心的驚嘆後（畢竟我倆也算個小同行），他卻淡淡地表示，其實當初他也不知爲何就一時腦熱了，結婚後，就希望可以給自己的孩子吃一塊安心的豆腐，尋來找去，就看上了木瓜溪潔淨的水源，於是就跟著這條溪水來到花蓮，做出了一塊「敢給自己孩子吃的豆腐」。目的很簡單，但基礎卻是如此宏偉。業務性格、功利主義的我，立即想到他那張「藥師執照」，我們這行都知道，那張證書是可以換錢的，哪知他卻說：那張執照靜靜地壓在家裡的某個儲物箱裡。這時的我，心裡是羞愧的，估計自己的年齡應該比魏老闆大個十餘歲，但是人家的境界卻足足高出了我幾個山頭，當我還在計算得失時，這年輕人已經在奉獻人生了！慚愧！

這是一個豆腐坊的故事，雖然我與魏老闆僅一面之緣，但九年前的對話幾乎刻印在我的腦海裡，原來執著的人是比你我的想像還要更執著的。

當你去逛「里仁生機」的時候，記得帶一盒「味萬田豆腐」回家，品味一下職人的堅持。

結語

從去年的四月，我開始落筆寫下第一個字，直至今日已將近十一個月，寫了超過十萬字，終於我完成了這本書，這也是我人生的第一本書。一本用七年有機蔬食食堂的經營心得所換取出來的每一個字。這裡面的每一段文字，都是我的親身體會，希望能讓本書讀者有些許觸動，進而改變大家對「食物」的認知，以期給自己健康的人生下半場。

從青少年起就喜愛閱讀，讀過的書不計其數，從最開始的散文、小說，轉變成大大小小的商業管理書籍，一直到了近十年來的歷史書冊，涉獵的內容不斷轉變，也不斷在其中找尋自己的人生箴言。但是箴言太多，就似乎沒有箴言了，然而忘記是哪本書裡寫了一句箴言，在我的記憶裡特別品嚼著：「如果你讀完一本書，其中僅有一句話深印在你腦中，敲醒你人生某個迷茫的繞彎，並能提供你餘生不同的觀世角度，那這就是一本好書。」希望這本書能帶給你有關健康的隻字片語，並能伴你一生。

我在寫這本書時，就是採用這個角度在寫每一個章節、每一篇段落，其中的每個細節，或是我三十年醫藥相關職業的觸動，或是我親訪台灣各處小農、達人的心得，更是我七年來站在食堂的櫃台裡，近身觀察十數萬個消費者的不安與感觸。希望這些無數個眞實的場景，能有一幕可以改變你對「眞實飲食」的正確認知，而這樣的認知，能讓你擺脫「亞健康」的糾纏。

西元二〇〇〇年左右，長壽王國日本人發明了一個名詞——「銀髮族症候群」。研究提出了一個健康老人的概念——「吃得下去，走得出去」，意即凡是有老人的家中，你要觀察家中長者的健康指數，就是必須要注意長者飯吃得飽嗎？願意每天都出去散散步嗎？如果這二個問題的答案是肯定的，那首先得恭喜你，家中長者的身體基本健康。

然若反之，或其中有一項是否定的，則必須關心這位長者的健康問題。當然這二項健康指數，印證在你自己身上，亦是同理可證。

若以此爲標準，則任何會干擾此二項指標的細微因素，都是你必須爲長者排除的。例如長者的牙齒是否健全？有沒有影響咀嚼功能，進而讓他們失去飲食的慾望？例如老人的膝蓋是否健康？上下樓梯有阻礙嗎？走起路來疼痛嗎？進而讓他們失去出門散步的慾望。這些都是最簡單的觀察指標，其中釜底抽薪的方式，就是正確的飲食概念，也唯有長期的正確飲食，才能免除長者或自己陷入「不健康」的危機中，能讓長者「吃得下去、走得出去」。

本書的每個章節，都試圖告訴你正確飲食的觀念，這些觀念是簡單的，也是基礎的，唯一最困難的就是「長期維持多蔬清淡的飲食習慣」。而我希望透過對消費者近距離的觀察，提供大家一種啓發式的認知，改變一下其他書籍都是專家對消費大眾表達的教育角度，而這樣的角度是否會造成消費者囫圇吞棗的不消化現象？我希望給大家平視性的觀點，讓大家更易於消化及接受。

最後，推廣正確的飲食，也是希望大家能更公平對待小農、土地、地球環保，和一起生活在這個地球上的不同物種。

最後祝福大家，讓自己用健康的身體陪伴著健康的家人。

眾生系列　JP0204

就爲了好吃？
一位餐廳老闆的眞心告白，揭開飲食業變成化工業的眞相

作　　者／林朗秋
責任編輯／劉昱伶
業　　務／顏宏紋

總 編 輯／張嘉芳
出　　版／橡樹林文化
城邦文化事業股份有限公司
104 台北市民生東路二段 141 號 5 樓
電話：(02)2500-7696　傳眞：(02)2500-1951
發　　行／英屬蓋曼群島商家庭傳媒股份有限公司城邦分公司
104 台北市中山區民生東路二段 141 號 2 樓
客服服務專線：(02)25007718；25001991
24 小時傳眞專線：(02)25001990；25001991
服務時間：週一至週五上午 09:30 ～ 12:00；下午 13:30 ～ 17:00
劃撥帳號：19863813　戶名：書虫股份有限公司
讀者服務信箱：service@readingclub.com.tw
香港發行所／城邦（香港）出版集團有限公司
香港灣仔駱克道 193 號東超商業中心 1 樓
電話：(852)25086231　傳眞：(852)25789337
馬新發行所／城邦（馬新）出版集團【Cité (M) Sdn.Bhd. (458372 U)】
41, Jalan Radin Anum, Bandar Baru Sri Petaling,
57000 Kuala Lumpur, Malaysia.
電話：(603) 90563833　傳眞：(603) 90576622
Email：services@cite.my

內　　文／歐陽碧智
封　　面／兩棵酸梅
印　　刷／韋懋實業有限公司

初版一刷／ 2022 年 11 月
ISBN ／ 978-626-7219-00-3
定價／ 380 元

城邦讀書花園
www.cite.com.tw

國家圖書館出版品預行編目（CIP）資料

就為了好吃？：一位餐廳老闆的真心告白，揭開飲食業變成化工業的真相 / 林朗秋著 . -- 初版 . -- 臺北市：橡樹林文化，城邦文化事業股份有限公司出版：英屬蓋曼群島商家庭傳媒股份有限公司城邦分公司發行，2022.11
面； 公分 . --（眾生；JP0204）
ISBN 978-626-7219-00-3（平裝）

1.CST: 食品工業　2.CST: 食品加工
3.CST: 食品添加物

463.12　　111015937

廣　告　回　函
北區郵政管理局登記證
北 台 字 第 10158 號
郵資已付　免貼郵票

104 台北市中山區民生東路二段 141 號 5 樓

城邦文化事業股份有限公司
橡樹林出版事業部　收

請沿虛線剪下對折裝訂寄回，謝謝！

|橡|樹|林|

書名：就為了好吃？一位餐廳老闆的真心告白，揭開飲食業變成化工業的真相
書號：JP0204

橡樹林文化

讀者回函卡

感謝您對橡樹林出版社之支持，請將您的建議提供給我們參考與改進；請別忘了給我們一些鼓勵，我們會更加努力，出版好書與您結緣。

姓名：＿＿＿＿＿＿＿＿ □女 □男 生日：西元＿＿＿＿＿年

Email：＿＿＿＿＿＿＿＿＿＿＿＿＿＿＿＿

●您從何處知道此書？

□書店 □書訊 □書評 □報紙 □廣播 □網路 □廣告 DM

□親友介紹 □橡樹林電子報 □其他＿＿＿＿＿＿＿

●您以何種方式購買本書？

□誠品書店 □誠品網路書店 □金石堂書店 □金石堂網路書店

□博客來網路書店 □其他＿＿＿＿＿＿

●您希望我們未來出版哪一種主題的書？（可複選）

□佛法生活應用 □教理 □實修法門介紹 □大師開示 □大師傳記

□佛教圖解百科 □其他＿＿＿＿＿＿

●您對本書的建議：

＿＿＿＿＿＿＿＿＿＿＿＿＿＿＿＿＿＿＿＿

＿＿＿＿＿＿＿＿＿＿＿＿＿＿＿＿＿＿＿＿

＿＿＿＿＿＿＿＿＿＿＿＿＿＿＿＿＿＿＿＿

非常感謝您提供基本資料，基於行銷及客戶管理或其他合於營業登記項目或章程所定業務需要之目的，家庭傳媒集團（即英屬蓋曼群商家庭傳媒股分有限公司城邦分公司、城邦文化事業股分有限公司、書虫股分有限公司、墨刻出版股分有限公司、城邦原創股分有限公司）於本集團之營運期間及地區內，將不定期以MAIL訊息發送方式，利用您的個人資料於提供讀者產品相關之消費與活動訊息，如您有依照個資法第三條或其他需服務之務，得致電本公司客服。

我已經完全了解左述內容，並同意本人資料依上述範圍內使用。

＿＿＿＿＿＿＿＿＿＿＿（簽名）

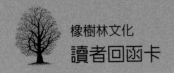